工业和信息化精品系列教材

U0161251

WPS Office
办公应用任务式教程

微课版

刘万辉 司艳丽 ◉ 主编
侯丽梅 ◉ 副主编

WPS OFFICE APPLICATION
TASK TUTORIAL

人民邮电出版社
北 京

图书在版编目（CIP）数据

WPS Office办公应用任务式教程：微课版 / 刘万辉，司艳丽主编. -- 北京：人民邮电出版社，2023.2
工业和信息化精品系列教材
ISBN 978-7-115-60424-8

Ⅰ. ①W… Ⅱ. ①刘… ②司… Ⅲ. ①办公自动化—应用软件—教材 Ⅳ. ①TP317.1

中国版本图书馆CIP数据核字(2022)第211584号

内 容 提 要

本书通过任务的形式，对 WPS 文字、WPS 表格、WPS 演示的使用进行重点的讲解，将知识点融入任务，让学生循序渐进地掌握相关技能。

本书包括 14 个任务，分别为制作劳动模范个人简历、制作特色农产品订购单、制作"科技下乡"志愿者面试流程图、制作中秋贺卡、编辑与排版毕业论文、制作信息化应用能力大赛选手信息表、大学生新创企业社保情况统计、制作特色农产品销售图表、信息技术应用大赛成绩分析、大学生初创企业日常费用分析、制作垃圾分类宣传演示文稿、制作创业宣传演示文稿、制作数据图表演示文稿和制作敬业宣传动画演示文稿。

本书可作为高职高专院校各个专业的 WPS 办公应用课程的教材，也可以作为学校选修和培训课程用书。

- ◆ 主　　编　刘万辉　司艳丽
　　副 主 编　侯丽梅
　　责任编辑　刘 佳
　　责任印制　王 郁　焦志炜
- ◆ 人民邮电出版社出版发行　　北京市丰台区成寿寺路 11 号
　　邮编　100164　电子邮件　315@ptpress.com.cn
　　网址　https://www.ptpress.com.cn
　　三河市君旺印务有限公司印刷
- ◆ 开本：787×1092　1/16
　　印张：13.75　　　　　　　　　2023 年 2 月第 1 版
　　字数：386 千字　　　　　　　 2025 年 1 月河北第 4 次印刷

定价：59.80 元

读者服务热线：(010)81055256　印装质量热线：(010)81055316
反盗版热线：(010)81055315
广告经营许可证：京东市监广登字 20170147 号

前言

随着职业教育的不断发展，特别是信息技术与网络技术迅速发展和广泛应用，许多企事业单位对工作人员的办公能力提出越来越高的要求。本书参考教育部教育考试院制定的《全国计算机等级考试二级WPS Office高级应用与设计考试大纲（2022年版）》中对WPS Office高级应用与设计的要求，通过任务的形式，对WPS文字、WPS表格、WPS演示的使用进行重点的讲解，将知识点融入任务，让学生循序渐进地掌握相关技能。

1. 本书内容

本书包括WPS文字、WPS表格、WPS演示三大模块，共14个任务，所选任务均与日常工作密切相关，注重WPS办公软件实践技能的提升和学生综合应用能力的培养。其中，WPS文字模块包括制作劳动模范个人简历、制作特色农产品订购单、制作"科技下乡"志愿者面试流程图、制作中秋贺卡、编辑与排版毕业论文5个任务；WPS表格模块包括制作信息化应用能力大赛选手信息表、大学生新创企业社保情况统计、制作特色农产品销售图表、信息技术应用大赛成绩分析、大学生初创企业日常费用分析5个任务；WPS演示模块包括制作垃圾分类宣传演示文稿、制作创业宣传演示文稿、制作数据图表演示文稿、制作敬业宣传动画演示文稿4个任务。

2. 体系结构

本书的每个任务都采用"任务简介"→"任务实现"→"经验与技巧"→"任务小结"→"拓展练习"的结构。

（1）任务简介：简要介绍任务的背景、制作要求、涉及的知识点和任务目标。

（2）任务实现：详细介绍任务的实现方法与操作步骤。

（3）经验与技巧：对任务中涉及知识的使用技巧进行提炼，提高学生的实践能力与学习效率。

（4）任务小结：对任务中涉及的知识点进行归纳总结，并对任务中需要特别注意的知识点进行强调和补充。

（5）拓展练习：结合任务中的内容给出难度适中的实践任务，让学生通过练习，巩固所学知识。

3. 本书特色

本书内容简明扼要、结构清晰，任务丰富、强调实践，图文并茂、直观明了，能够帮助学生在完成任务的过程中学习相关的知识和技能，提升自身的职业综合素养和能力。

4. 教学资源

本书配套有书中任务、拓展练习涉及的素材与效果文件、WPS 演示电子课件，以及微课视频。

本书由刘万辉、司艳丽任主编，由侯丽梅任副主编，编写分工为：侯丽梅编写了任务 1～任务 5，司艳丽编写了任务 6～任务 10，刘万辉编写了任务 11～任务 14。

由于编者水平和能力有限，书中难免存在不足之处，恳请广大读者批评指正。

编　者

2023 年 2 月

目 录
CONTENTS

任务 1

制作劳动模范个人简历

1.1 任务简介

通过展示任务的要求与效果，分析学生需要完成的学习目标。

1.1.1 任务要求与效果展示

某制造业企业为大力弘扬劳模精神、劳动精神、工匠精神，开展"向劳模学习"活动，活动要求每个车间选择一个与自己工作相关的劳模并进行事迹宣讲。第五车间的小李打算为自己的"偶像"高凤林制作一份个人简历并进行宣讲，效果如图 1–1 所示。

图1–1 劳模个人简历效果

素养小贴士

劳模精神

劳模精神即爱岗敬业、争创一流、艰苦奋斗、勇于创新、淡泊名利、甘于奉献的精神。

1.1.2　任务目标

知识目标：

➢ 了解文档页面设置的作用；
➢ 了解图片、艺术字、文本框、智能图形的作用。

技能目标：

➢ 掌握文档的新建、保存等基本操作；
➢ 掌握文档的页面设置；
➢ 掌握图片的插入与格式设置；
➢ 掌握形状的绘制与格式设置；
➢ 掌握艺术字的插入与格式设置；
➢ 掌握文本框的插入与格式设置；
➢ 掌握智能图形的插入与格式设置。

素养目标：

➢ 提升 WPS Office 高效应用的信息意识；
➢ 加强劳模精神、劳动精神、工匠精神的培养。

1.2　任务实现

本任务主要包含制作个人基本情况、人物贡献、荣誉与成就 3 个版块的内容。

1.2.1　文档的新建

建立新的 WPS 文档，首先要启动 WPS 文字，启动步骤如下。

（1）单击"开始"按钮，在"开始"菜单中单击"WPS Office"→"WPS 文字"按钮，启动 WPS 文字应用程序。

微课：文档的新建与
页面设置

（2）单击"新建"按钮，如图 1-2 所示，新建一个空白 WPS 文档"文字文稿 1"。

图 1-2　单击"新建"按钮新建文档

1.2.2　页面设置

由于个人简历中涉及图片、形状、艺术字、文本框等内容，在插入对象之前需要对文档的页面进行设置。页面设置要求：纸张采用 A4 纸，纵向，上、下页边距为 2.5cm，左、右页边距为 3.2cm，具体操作步骤如下。

（1）切换到"页面布局"选项卡，单击"纸张大小"按钮，保持下拉列表中"A4"选项的选中不变（默认纸张大小为 A4），如图 1-3 所示。

（2）在"页面布局"选项卡中设置"页边距"按钮右侧的"上""下"微调框中的值为"2.5cm"，设置"左""右"微调框中的值为"3.2cm"，如图 1-4 所示。

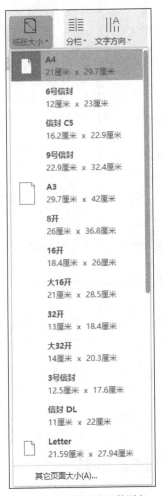

图1-3　"纸张大小"下拉列表

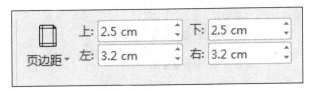

图1-4　设置"页边距"

当页面大小需要自定义设置时，可以在图 1-3 中选择"其他页面大小"，根据需求，在弹出的"页面设置"对话框中详细设置页边距、纸张、版式、文档网格、分栏等。

1.2.3　设置文档背景

页面设置完成以后，利用 WPS 中的形状为文档设置背景，具体操作步骤如下。

（1）切换到"插入"选项卡，单击"形状"按钮，在弹出的下拉列表中选择"矩形"栏中的"矩形"选项，如图 1-5 所示。

微课：设置文档背景

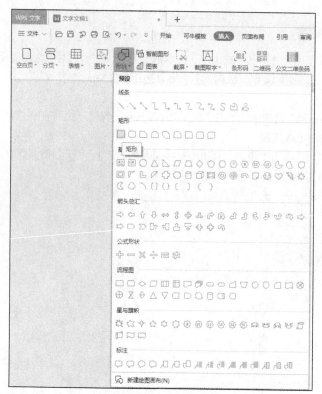

图1-5　选择"矩形"选项

（2）将鼠标指针移到文档中，鼠标指针变成十字指针，按下鼠标左键并拖曳，绘制一个与页面大小一致的矩形。

（3）选中矩形，切换到"绘图工具"选项卡，单击"填充"下拉按钮，从下拉列表中选择"标准色"中的"蓝色"选项，如图1-6所示。

（4）单击"轮廓"下拉按钮，从下拉列表中选择"标准色"中的"深蓝"选项，如图1-7所示。

图1-6　设置"填充"

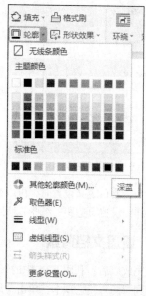

图1-7　设置"轮廓"

（5）单击"环绕"按钮，从下拉列表中选择"衬于文字下方"选项，如图1-8所示。

（6）使用同样的方法，在蓝色矩形上方创建一个矩形，将所绘制矩形的"填充"和"轮廓"都设为"主题颜色"下的"白色，背景1"选项，并在"环绕"下拉列表中选择"浮于文字上方"选项，效果如图1-9所示。

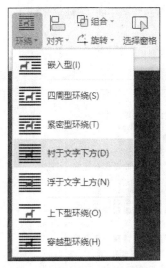

图1-8　设置"环绕"

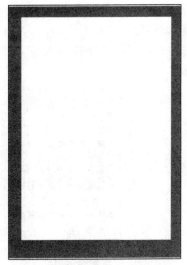

图1-9　文档背景设置完成后的效果

1.2.4　制作个人基本情况版块

从效果图可以看出，个人简历包含3个版块，第一个版块为个人基本情况，第二个版块为人物贡献，第三个版块为荣誉与成就。在个人基本情况版块中文档的标题使用 WPS 文字中的艺术字实现，标题下方的基本信息使用 WPS 文字中的文本框实现，在基本信息的左侧利用图片进行装饰。

微课：制作个人基本情况版块

首先进行艺术字的插入，操作步骤如下。

（1）切换到"插入"选项卡，单击"艺术字"按钮，从下拉列表中选择"填充-钢蓝，着色5，轮廓-背景1，清晰阴影-着色5"选项，如图1-10所示。

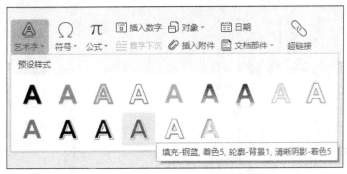

图1-10　"艺术字"下拉列表

（2）在艺术字的文本框中输入文字"全国劳动模范高凤林"。

（3）选中"全国劳动模范高凤林"字样，切换到"文本工具"选项卡，单击"字体"下拉按钮，从下拉列表中选择"楷体"，保持"字号"下拉列表框中的"小初"选项不变，保持"加粗"按钮按下不变，如图1-11所示。

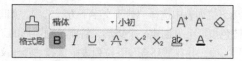

图1-11　设置"字体"与"字号"

（4）单击"文本填充"下拉按钮，从下拉列表中选择"主题颜色"栏中的"钢蓝，着色1，深色25%"选项，如图1-12所示。

（5）单击"文本轮廓"下拉按钮，从下拉列表中选择"主题颜色"栏中的"白色，背景1"选项，如图1-13所示。

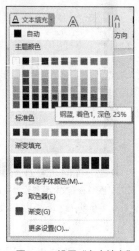

图1-12　设置"文本填充"

图1-13　设置"文本轮廓"

（6）单击"文本效果"按钮，从"阴影"的级联菜单中选择"透视"栏中的"左上对角透视"选项，如图1-14所示。

（7）切换到"绘图工具"选项卡，单击"对齐"按钮，从下拉列表中选择"水平居中"选项，如图1-15所示。调整艺术字的水平位置，完成艺术字的设置。

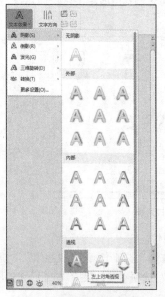

图1-14　设置文本透视效果

图1-15　设置"对齐"

艺术字设置完成后，进行图片的插入，操作步骤如下。

（1）切换到"插入"选项卡，单击"图片"按钮，打开"插入图片"对话框，选择素材文件夹中的图片"焊接照片.jpg"，如图 1-16 所示。单击"打开"按钮，完成图片的插入。

图1-16 "插入图片"对话框

（2）切换到"图片工具"选项卡，单击"环绕"按钮，从下拉列表中选择"浮于文字上方"选项，使被背景图形遮挡的图片显示出来。

（3）使图片处于选中的状态，在"图片工具"选项卡中，保持"锁定纵横比"复选框的勾选，设置"高度"微调框中的值为"4.00厘米"，如图 1-17 所示，完成图片大小的调整。之后根据图 1-1 调整图片到艺术字的左下方。

图1-17 设置图片大小

在个人基本情况版块中十分重要的内容就是个人基本信息的简单介绍，位于人物图片的右侧。可利用 WPS 文字中的文本框实现此部分的制作，操作步骤如下。

（1）切换到"插入"选项卡，单击"文本框"下拉按钮，在下拉列表中选择"横向"命令，如图 1-18 所示。

（2）将鼠标指针移到图片的右侧，鼠标指针变成十字指针，按下鼠标左键并向右下拖曳，在图片右侧绘制一个文本框。

（3）打开素材文件夹中的文本文档"人物简介.txt"，将其中的文本内容复制到文本框中。

（4）选中文本框，切换到"文本工具"选项卡，在"字体"下拉列表中选择"楷体"选项，保持字号为"五号"不变。

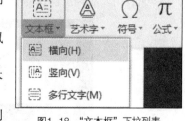

图1-18 "文本框"下拉列表

（5）单击"段落"按钮，打开"段落"对话框，在"缩进"栏中，单击"特殊格式"下拉按钮，从下拉列表中选择"首行缩进"选项，保持"度量值"微调框中的值不变，如图 1-19 所示。单击"确定"按钮，完成文本的段落格式设置。

图1-19　"段落"对话框

（6）使文本框处于选中的状态，切换到"绘图工具"选项卡，单击"轮廓"下拉按钮，从下拉列表中选择"无线条颜色"选项，如图 1-20 所示。

图1-20　"轮廓"下拉列表

至此，个人基本情况版块制作完成，效果如图 1-21 所示。

图1-21　个人基本情况版块制作完成后的效果

1.2.5　制作人物贡献版块

微课：制作人物
贡献版块

为了增强人物贡献版块的整体效果，可以利用形状中的圆角矩形实现此版块的边框效果，操作步骤如下。

（1）切换到"插入"选项卡，单击"形状"按钮，从其下拉列表中选择"矩形"栏中的"圆角矩形"选项，如图1-22所示。将鼠标指针移到文档中，根据图1-1利用鼠标在焊接图片的右下方绘制一个圆角矩形。

图1-22　选择"圆角矩形"选项

（2）选中刚刚绘制的圆角矩形，切换到"绘图工具"选项卡，将"填充"设置为"蓝色"，将"轮廓"设置为"深蓝"。

（3）用鼠标右键单击圆角矩形，在弹出的快捷菜单中选择"添加文字"命令，之后在选中的圆角矩形中输入文字"人物贡献"，选中输入的文本并设置输入文字的字体为"宋体"、字号为"三号"、加粗。

（4）利用同样的方法，绘制一个大的圆角矩形，作为人物贡献版块的边框。根据图1-1调整此圆角矩形的大小和位置。选中大的圆角矩形，切换到"绘图工具"选项卡，设置"填充"为"无填充颜色"，在"轮廓"下拉列表中设置颜色为"标准色"中的"蓝色"、选择"虚线线型"级联菜单中的"短划线"选项，如图1-23所示，在"线型"的级联菜单中选择"0.5磅"选项。

（5）为了不遮挡文字，用鼠标右键单击虚线圆角矩形，从弹出的快捷菜单中选择"置于底层"级联菜单中的"下移一层"命令，如图1-24所示。

个人贡献版块的边框设置完成后，利用文本框和箭头形状展现人物贡献的几个重要过程，操作步骤如下。

（1）切换到"插入"选项卡，单击"形状"按钮，从下拉列表中选择"箭头总汇"中的"右箭头"选项，根据图1-1，在对应的位置绘制一个水平箭头。

（2）切换到"绘图工具"选项卡，设置"填充"为"标准色"中的"蓝色"、"轮廓"为"标准色"中的"蓝色"。

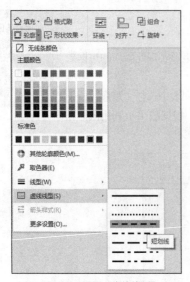

图1-23　设置"虚线线型"　　　　　　　　　　　图1-24　选择"下移一层"命令

（3）用同样的方法，绘制 4 个"上箭头"，调整箭头的位置并设置"填充"和"轮廓"颜色均为"标准色"中的"蓝色"，效果如图 1-25 所示。

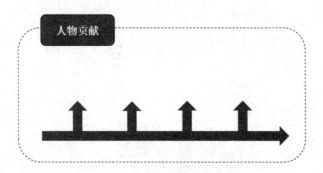

图1-25　箭头添加完成后的效果

（4）切换到"插入"选项卡，单击"文本框"下拉按钮，在下拉列表中选择"横向"选项。

（5）利用鼠标在最左侧"上箭头"的上方绘制一个文本框，并输入文字"为我国多发火箭焊接过'心脏'"。

（6）设置文本框中文字字体为"楷体"、字号为"五号"，设置文本框"轮廓"为"无线条颜色"。

（7）利用同样的方法，再创建 3 个文本框，并设置其中的文字，调整文本框的位置，效果如图 1-26 所示。

图1-26　添加任务贡献文本后的效果

（8）在"右箭头"的下方，对应"上箭头"的位置绘制 4 个文本框，并输入图 1–27 所示的数字，设置文本框"轮廓"为"无线条颜色"。

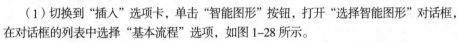

图1–27 文本框添加完成后的效果

1.2.6 制作荣誉与成就版块

微课：制作荣誉与成就版块

高凤林获得了多项荣誉与成就，由于篇幅有限，仅利用 WPS 文字的智能图形展示其中几项，具体操作如下。

（1）切换到"插入"选项卡，单击"智能图形"按钮，打开"选择智能图形"对话框，在对话框的列表中选择"基本流程"选项，如图 1–28 所示。

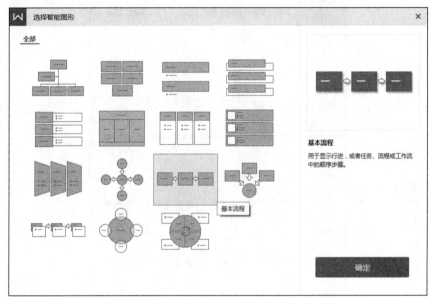

图1–28 "选择智能图形"对话框

（2）切换到"设计"选项卡，单击"环绕"按钮，从下拉列表中选择"浮于文字上方"选项，使智能图形显示出来。调整图形的大小，并将其移动到人物贡献版块下方。

（3）选中图形中的一个矩形节点，在"设计"选项卡中单击"添加项目"按钮，从其下拉列表中选择"在后面添加项目"选项，如图 1–29 所示，使当前的智能图形拥有 4 个矩形节点。

图1–29 "在后面添加项目"选项

（4）使用同样的方法再添加一个项目。

（5）选中智能图形，切换到"格式"选项卡，设置智能图形中文本的字体为"宋体"，"字号"为"8"。

（6）在智能图形的各节点中输入图 1-30 所示的文本内容。

图1-30　智能图形中的文本内容

（7）切换到"设计"选项卡，单击"更改颜色"按钮，从下拉列表中选择"着色 2"中的第二个选项，如图 1-31 所示，更改智能图形的颜色。

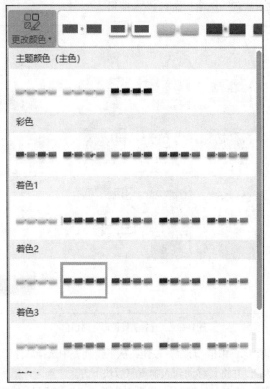

图1-31　"更改颜色"下拉列表

（8）切换到"插入"选项卡，单击"艺术字"按钮，从下拉列表中选择"填充-白色，轮廓-着色 2，清晰阴影-着色 2"选项，并将艺术字移到智能图形的下方。

（9）选中艺术字，并输入文字"岗位不同　作用不同　仅此而已"，设置文字字体为"幼圆"、字号为"28"、加粗。

（10）使艺术字处于选中的状态，切换到"文本工具"选项卡，单击"文本效果"按钮，从弹出的下拉列表中选择"转换"级联菜单中"弯曲"栏中的"正三角"选项，如图 1-32 所示。

（11）复制艺术字，修改文本为"心中只要装着国家　什么岗位都光荣　有台前就有幕后"，调整文字字号为"20"，最终效果如图 1-33 所示。

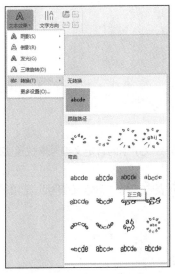

图1-32　"转换"级联菜单

图1-33　最终效果

1.2.7　保存文档

微课：保存文档

文档制作完成后，要及时进行保存，具体操作如下。

单击工具栏中的"保存"按钮，打开"另存文件"对话框，设置对话框中的保存路径与文件名。单击"保存"按钮，完成文档的保存。

在日常工作中，为了避免计算机死机或突然断电造成文档数据的丢失，可以设置自动保存功能，具体操作如下。

单击"文件"按钮，在下拉列表中选择"选项"选项，打开"选项"对话框，选择列表中的"备份设置"，在"备份模式"栏中选择"定时备份，时间间隔"单选按钮，并在后面的微调框中输入自动保存的间隔时间，如图1-34所示。设置完成后，单击"确定"按钮，完成自动保存功能的设置。至此，任务完成。

图1-34　"选项"对话框

1.3 经验与技巧

下面介绍几个使用 WPS 文字时的经验与技巧。

1.3.1 输入技巧

1. 快速输入星期

在日常操作中，可能会输入星期一、星期二等文本，这可以通过 WPS 文字中的自定义编号来快速实现，操作步骤如下。

（1）切换到"开始"选项卡，单击"编号"下拉按钮，从下拉列表中选择"自定义编号"选项，如图 1-35 所示，打开"项目符号和编号"对话框，如图 1-36 所示。

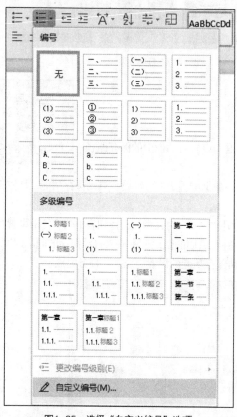

图1-35　选择"自定义编号"选项

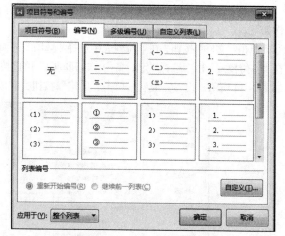

图1-36　"项目符号和编号"对话框

（2）对话框会自动切换到"编号"选项卡，选择列表中的第一行、第二列的编号格式，单击"列表编号"栏中的"自定义"按钮，打开"自定义编号列表"对话框。

（3）在"编号格式"下方的文本框的序号前输入"星期"（默认星期①）字样，如图 1-37 所示。单击"确定"按钮，即可实现星期的快速输入。

2. 快速输入大写数字

由于工作需要，部分用户（特别是财务人员）经常要输入一些大写数字，但由于大写数字笔画大都比较复杂，无论是用五笔输入法还是拼音输入法输入都比较麻烦。而利用 WPS 文字的插入数字功能可以巧妙地完成大写数字输入，操作方法如下。

切换到"插入"选项卡，单击"插入数字"按钮，如图 1-38 所示。打开"数字"对话框，在"数字"

文本框中输入需要转换的数字，在"数字类型"列表框中选择图 1-39 所示的选项，单击"确定"按钮即可实现大写数字的转换。

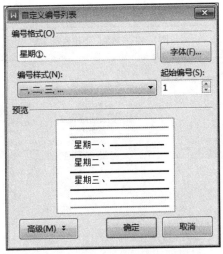

图1-37　"自定义编号列表"对话框

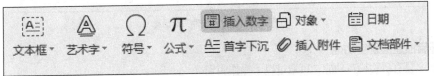

图1-38　"插入数字"按钮

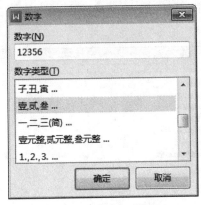

图1-39　"数字"对话框

1.3.2　编辑技巧

1. 多个 WPS 文档的合并

有时在编辑 WPS 文档时，需要将其他的文档合并过来，通过 WPS 文字中"插入"选项卡中的"对象"下拉按钮可以快速实现，操作方法如下。

新建一个空白的 WPS 文档，切换到"插入"选项卡，单击"对象"下拉按钮，从下拉列表中选择"文件中的文字"选项，如图 1-40 所示。打开"插入文件"对话框，选择需要合并的文件，如图 1-41 所示，单击"打开"按钮，即可实现文件的合并。当有多个文件需要合并时，再次打开"插入文件"对话框，选择相应的文件即可。

图1-40　"对象"下拉列表

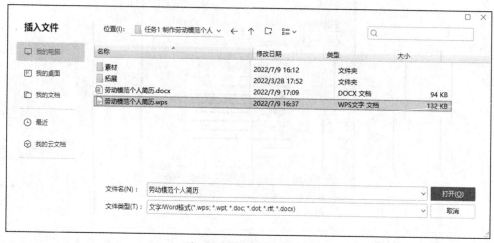

图1-41　"插入文件"对话框

2. 开启检查错别字功能

WPS文字具有拼写检查功能，可通过以下操作实现。

打开WPS文字程序，单击"文件"按钮，选择"选项"选项，打开"选项"对话框。选择左侧列表中的"拼写检查"选项，之后在右侧界面中勾选"输入时拼写检查"复选框，如图1-42所示。单击"确定"按钮，即可开启检查错别字功能。

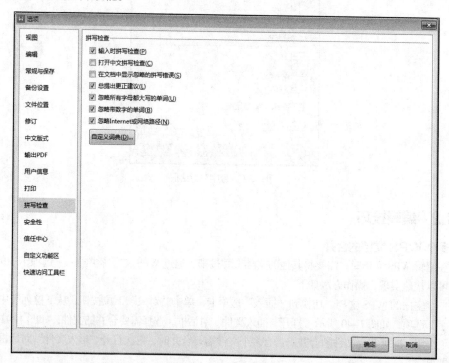

图1-42　"选项"对话框

1.4 任务小结

劳动模范是各行各业劳动群众中的杰出代表，是党和国家的宝贵财富。劳动模范高凤林的身上兼具劳模精神和工匠精神，劳模精神和工匠精神作为民族精神与时代精神的重要内容，在文化传承上、在道德提升上、在教育导向上、在爱国情怀上与社会主义核心价值观均具有高度的契合性和一致性。

通过劳动模范个人简历的制作，读者学习了 WPS 文档的新建、文档的页面设置、形状的绘制与格式设置、艺术字的使用、文本框的使用、智能图形的使用、保存文档等操作。在实际操作中需要注意：对 WPS 文字中的文本进行格式化时，必须先选定要设置的文本，再进行相关操作。

1.5 拓展练习

某知名企业要举办一场针对高校学生的大型职业生涯规划活动，并邀请了多位业内人士和资深媒体人参加，该活动由职场达人、东方集团的董事长陆达先生担任演讲嘉宾，因此吸引了众多高校学生。为了此次活动能够圆满成功，并能引起各高校毕业生的广泛关注，该企业行政部准备制作一份精美的宣传海报。请根据上述活动的描述，结合素材中的文件，利用 WPS 文字制作一份宣传海报，效果如图 1-43 所示，具体要求如下。

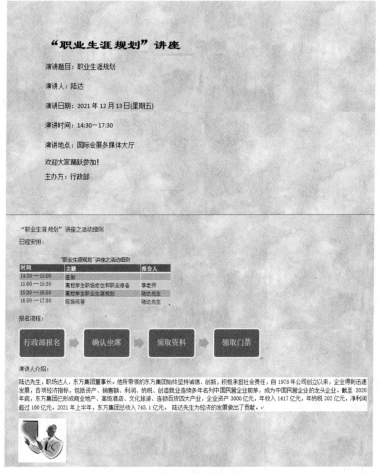

图1-43 宣传海报效果

（1）调整文档的版面，要求页面高度为 36 厘米，页面宽度为 25 厘米，上、下页边距为 5 厘米，左、右页边距为 4 厘米。

（2）将素材中的"背景图片.jpg"设置为海报背景。

（3）设置标题文本"'职业生涯规划'讲座"的字体为"隶书"、字号为"二号"、加粗。

（4）根据页面布局需要，调整海报内容中"演讲题目""演讲人""演讲时间""演讲日期""演讲地点"信息的段落间距为 1.5 倍行距。

（5）在"演讲人："后面输入"陆达"，在"主办方：行政部"后面另起一页，并设置第二页的页面纸张大小为"A4"，纸张方向为"横向"，此页页边距为"常规"。

（6）在第二页的"报名流程："下面，利用智能图形制作本次活动的报名流程（行政部报名、确认坐席、领取资料、领取门票）。

（7）更换演讲人照片为素材中的"luda.jpg"照片，并将该照片调整到适当位置，且不要遮挡文档中文字的内容。

任务 2

制作特色农产品订购单

2.1 任务简介

通过展示任务的要求与效果，分析学生需要完成的学习目标。

2.1.1 任务要求与效果展示

王芳是云南某乡镇的大学生村官，为了拓宽农民的销售渠道，她要将当地的特色农产品进行线上、线下双渠道销售。为此，她需要制作一份特色农产品订购单，利用 WPS 文字的制作表格功能，她顺利地完成了此任务，效果如图 2-1 所示。

特色农产品订购单

订购单号：№　　　　　　　　　订购日期：　年　月　日

订 购 人 资 料			
□会员 □首次	编号	姓名	联系电话
电子邮箱		微信	
身份证号			
联系地址			

收 货 人 资 料		
姓名		联系电话
收货地址		
备注		

订 购 产 品 资 料				
编号	名称	单价／元	数量	金额／元
N1101	普洱茶	510	2	1020.00
S1203	保山小粒咖啡	149	5	745.00
G1105	坚果大礼包	198.6	6	1191.60
合计：2956.6 元				

付 款 与 配 送				
付款方式	□邮政汇款	□银行转账	□支付宝转账	□微信转账
配送方式	□邮政包裹	□顺丰速递	□申通快递	

注 意 事 项
1）请务必详细填写各项信息，以便尽快为您服务。 2）在收到您的订单后，我们的工作人员会尽快与您联系，以确认订单。 3）订单一经确认，将在 3 个工作日内发货。 4）收货后如遇数量不符或质量问题，请及时与我们的客服人员联系。 5）团购与咨询电话：***-********。

图2-1　特色农产品订购单效果

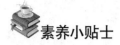

素养小贴士

以产业兴旺带动乡村振兴

产业兴旺是乡村振兴的基石。只有产业兴旺了，农民才能就业好、收入高，农村才有生机和活力，乡村振兴才有强大的物质基础。

2.1.2　任务目标

知识目标：
➢ 了解表格的作用；
➢ 了解表格的使用场合。

技能目标：
➢ 掌握表格的创建；
➢ 掌握单元格的合并与拆分；
➢ 掌握表格内容的输入与编辑；
➢ 掌握表格边框与底纹的设置；
➢ 掌握特殊符号的插入；
➢ 掌握表格中数据的计算。

素养目标：
➢ 提升自身的组织能力；
➢ 提升获取信息并利用信息的能力。

2.2　任务实现

微课：创建表格

本任务主要包括创建表格、合并和拆分单元格、输入与编辑表格内容、美化表格、表格数据计算等部分。

2.2.1　创建表格

在 WPS 文字中，表格的应用占有重要的地位，一个设计合理的表格可以生动、形象地表现出用户所要讲述的内容。在创建表格之前，要先规划好表格的大概结构，以及行数和列数。

在创建表格之前，先对文档进行页面设置，具体操作步骤如下。

（1）启动 WPS 文字，新建一个空白文档，以"特色农产品订购单"为名进行保存。

（2）切换到"页面布局"选项卡，设置上、下页边距均为"2.54cm"，左、右页边距均为"2.5cm"，如图 2-2 所示。

图2-2　页边距设置

（3）将光标定位到文档的首行，并输入标题"特色农产品订购单"，并按<Enter>键，将光标移到下一行，输入文本"订购单号："订购日期：　　年　　月　　日"，之后按<Enter>键，将光标定位到下一行。

（4）切换到"插入"选项卡，单击"表格"按钮，在下拉列表中选择"插入表格"选项，如图 2-3 所示。打开"插入表格"对话框，在"表格尺寸"栏中，将"列数""行数"分别设置为"4"和"21"，如图 2-4 所示，设置完成后，单击"确定"按钮，完成表格的插入。

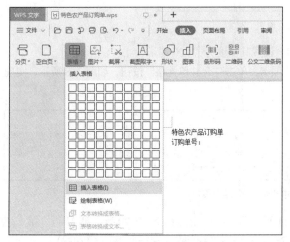

图2-3　选择"插入表格"选项

图2-4　"插入表格"对话框

（5）选中标题文本"特色农产品订购单"，切换到"开始"选项卡，将选中文本的字体设置为"微软雅黑"、加粗，字号设置为"二号"，单击"居中"按钮，设置文字的对齐方式为居中，如图 2-5 所示。

图2-5　标题格式设置

（6）在"开始"选项卡中将第二行文本的字体设置为"宋体"、字号设置为"四号"。

2.2.2　合并和拆分单元格

微课：合并和拆分单元格

由于插入的表格是标准行列的表格，与图 2-1 所示的表格相差较大，需要对表格中的单元格进行合并和拆分操作，在这之前需要先调整表格的行高和列宽，具体操作如下。

（1）将鼠标指针移到表格第一行左侧选中区，当鼠标指针变成指向右上的箭头时，单击选中表格的第一行，切换到"表格工具"选项卡，设置单元格"高度"微调框中的值为"1.10 厘米"，如图 2-6 所示。

图2-6　设置"高度"

（2）使用同样的方法，设置表格第 2～6 行高度为"0.8 厘米"、第 7 行高度为"1.1 厘米"、第 8～10 行高度为"0.8 厘米"、第 11 行高度为"1.1 厘米"、第 12～16 行高度为"0.8 厘米"、第 17 行高度为"1.1 厘米"、第 18、第 19 行高度为"0.8 厘米"、第 20 行高度为"1.1 厘米"、第 21 行高度为"3 厘米"。

（3）将鼠标指针移到第 1 列的上方，当鼠标指针变成黑色实心向下箭头时，单击选中第 1 列，设置"宽度"微调框中的值为"3.50 厘米"，如图 2-7 所示。

图2-7　设置"宽度"

（4）使用同样的方法，选中表格的第2~4列，设置其宽度为"4.20厘米"。

（5）选中表格第1行，切换到"表格工具"选项卡，单击"合并单元格"按钮，如图2-8所示，实现第1行单元格的合并操作。

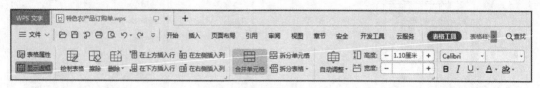

图2-8　单击"合并单元格"按钮

（6）用同样的方法合并表格中的第7行、第11行、第16行、第17行、第20行、第21行、第1列的第2、第3行、第6行的第2~4列、第9行的第2~4列、第10行的第2~4列、第18行的第2~4列、第19行的第2~4列。

（7）选中第12~15行的第2~4列单元格，单击"拆分单元格"按钮，打开"拆分单元格"对话框，设置"列数"微调框中的值为"4"，保持"行数"微调框中的值不变，如图2-9所示。单击"确定"按钮，完成单元格的拆分操作。

（8）使用同样的方法，将第5行的第2~4列拆分成18列、1行。

（9）将光标定位到第2行第1列单元格中，切换到"表格样式"选项卡，单击"绘制斜线表头"按钮，如图2-10所示。打开"斜线单元格类型"对话框，选择图2-11所示的类型，单击"确定"按钮，为所选单元格添加斜线。至此，表格雏形创建完成，如图2-12所示。

图2-9　"拆分单元格"对话框

图2-10　"绘制斜线表头"按钮

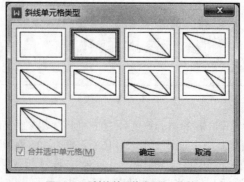

图2-11　"斜线单元格类型"对话框

特色农产品订购单

订购单号：　　　　　　　　　订购日期：　年　月　日

图2-12 表格雏形效果

2.2.3 输入与编辑表格内容

微课：输入与编辑
表格内容

表格雏形创建完成后，即可在其中输入内容，具体操作步骤如下。

（1）单击表格左上角的表格移动控制点符号，选中整个表格，切换到"开始"选项卡，在"字体"功能组中保持默认"宋体"不变，设置字号为"小四"。

（2）切换到"表格工具"选项卡，单击"对齐方式"下拉按钮，从下拉列表中选择"水平居中"选项，如图2-13所示。

图2-13 "水平居中"选项

（3）将光标定位到第 1 行中，在光标处输入文字"订购人资料"，之后将光标移到下一行单元格中依次输入表格的其他文本内容，如图 2-14 所示。

特色农产品订购单

订购单号：　　　　　　　订购日期：　　年　　月　　日

订购人资料			
会员 / 首次	编号	姓名	联系电话
电子邮箱		微信	
身份证号			
联系地址			

收货人资料		
姓名		联系电话
收货地址		
备注		

订购产品资料				
编号	名称	单价 / 元	数量	金额 / 元
合计：元				

付款与配送			
付款方式	邮政汇款　银行转账　支付宝转账　微信转账		
配送方式	邮政包裹　顺丰速递　申通快递		

注意事项
1）请务必详细填写各项信息，以便尽快为您服务。 2）在收到您的订单后，我们的工作人员会尽快与您联系，以确认订单。 3）订单一经确认，将在 3 个工作日内发货。 4）收货后如遇数量不符或质量问题，请及时与我们的客服人员联系。 5）团购与咨询电话：****-********。

图2-14　输入表格内容后效果图

（4）将光标定位于文本"订购单号："之后，切换到"插入"选项卡，单击"符号"下拉按钮，在下拉列表中选择"其他符号"选项，打开"符号"对话框。在"符号"选项卡中，保持"字体"选择"宋体"选项不变，在"子集"下拉列表中选择"类似字母的符号"选项，在列表框中选择图 2-15 所示的符号，单击"插入"按钮，将此符号插入文档中。

图2-15　"符号"对话框

（5）使用同样的方法，在表格中的"会员""首次""邮政汇款""银行转账""支付宝转账""微信转账""邮政包裹""顺丰速递""申通快递"文本前的合适位置插入空心方框符号"□"。

2.2.4 表格美化

表格内容编辑完成后，需要对表格进行美化，包括对齐方式设置、边框和底纹设置等操作，具体操作步骤如下。

（1）选择表格第1行"订购人资料"文本内容，切换到"开始"选项卡，单击"字体"对话框启动器按钮，打开"字体"对话框，在对话框中设置文本字体为"微软雅黑"、字号为"小四"、加粗，设置字符间距为"加宽""5磅"，如图2-16所示。

微课：表格美化

图2-16 "字体"对话框

（2）利用格式刷将"收货人资料""订购产品资料""付款与配送""注意事项"文本设置为同样的格式。

（3）单击表格左上角的表格移动控制点符号选中整个表格。切换到"表格样式"选项卡，单击"边框"下拉按钮，在下拉列表中选择"边框和底纹"选项，如图2-17所示，打开"边框和底纹"对话框。

（4）切换到"边框"选项卡，在"设置"栏中选择"自定义"选项，在"线型"列表框中选择"双线"选项，在"预览"栏中单击上边框、下边框、左边框、右边框4个按钮，如图2-18所示。单击"确定"按钮，完成整个表格的外侧边框设置。

（5）选择"联系地址"行，切换到"表格样式"选项卡，在"线型"下拉列表中选择"双线"选项，单击"边框"下拉按钮，从下拉列表中选择"下框线"选项，如图2-19所示。将"订购人资料"栏目的下边框设置成双线，以便与其他栏目分隔开，效果如图2-20所示。

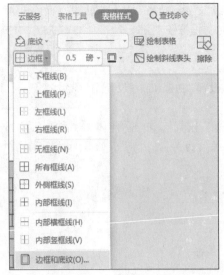

图2-17 "边框和底纹"选项

图2-18 "边框和底纹"对话框

图2-19 "下框线"选项

特色农产品订购单

订购单号：№   订购日期： 年 月 日

订 购 人 资 料			
□会员 □首次	编号	姓名	联系电话
电子邮箱		微信	
身份证号			
联系地址			
收 货 人 资 料			
姓名		联系电话	

图2-20 下框线添加完成后效果

（6）使用同样的方法，为"收货人资料""订购产品资料""付款与配送"栏目设置"双线"线型的下边框效果。

（7）选择"订购人资料"单元格，切换到"表格样式"选项卡，单击"底纹"下拉按钮，从下拉列表中选择"深灰绿，着色3，浅色80%"选项，如图2-21所示，为此单元格添加底纹。

图2-21　添加"底纹"

（8）用同样的方法，为"收货人资料""订购产品资料""付款与配送""注意事项"单元格添加底纹。至此，一份空白特色农产品订购单表格的美化工作结束，效果如图2-22所示。

特色农产品订购单

订购单号：№　　　　　　　　订购日期：　　年　　月　　日

订 购 人 资 料			
□会员　□首次	编号	姓名	联系电话
电子邮箱		微信	
身份证号			
联系地址			

收 货 人 资 料	
姓名	联系电话
收货地址	
备注	

订 购 产 品 资 料				
编号	名称	单价／元	数量	金额／元
合计：　元				

付 款 与 配 送				
付款方式	□邮政汇款	□银行转账	□支付宝转账	□微信转账
配送方式	□邮政包裹	□顺丰速递	□申通快递	

注 意 事 项
1）请务必详细填写各项信息，以便尽快为您服务。
2）在收到您的订单后，我们的工作人员会尽快与您联系，以确认订单。
3）订单一经确认，将在 3 个工作日内发货。
4）收货后如遇数量不符或质量问题，请及时与我们的客服人员联系。
5）团购与咨询电话：***-*********。

图2-22　表格美化后的效果

2.2.5　表格数据计算

微课：表格数据计算

在表格的"订购产品资料"栏目中输入相关农产品的数量和单价后，利用 WPS 文字提供的公式可以进行简单的计算，得到产品的订购金额以及所有产品的合计金额，具体操作步骤如下。

（1）在表格的"订购产品资料"栏目中输入购买农产品的编号、名称、单价、数量，如图 2-23 所示。

订 购 产 品 资 料				
编号	名称	单价 / 元	数量	金额 / 元
N1101	普洱茶	510	2	
S1203	保山小粒咖啡	149	5	
G1105	坚果大礼包	198.6	6	
合计：元				

图2-23　订购产品信息输入完成后的效果

（2）将光标定位于"普洱茶"所在行的最后一个单元格，即"金额/元"下方的单元格，切换到"表格工具"选项卡，单击"公式"按钮，如图 2-24 所示，打开"公式"对话框。

图2-24　单击"公式"按钮

（3）删除"公式"文本框中的"SUM(LEFT)"，单击"粘贴函数"下拉按钮，从下拉列表中选择"PRODUCT"选项（PRODUCT 函数的功能是进行乘积操作）。单击"表格范围"下拉按钮（见图 2-25），从下拉列表中选择"LEFT"选项。设置完成后，单击"确定"按钮，完成"普洱茶"订购金额的计算。

（4）用同样的方法，计算其他产品的订购金额。

（5）选择"金额"列的 3 行数据，单击"快速计算"按钮，从下拉列表中选择"求和"选项，如图 2-26 所示。此时在数据下方自动出现一行，且显示出合计金额。将计算出的合计金额复制到"合计："后，并删除多余行，如图 2-27 所示。

图2-25　"公式"对话框

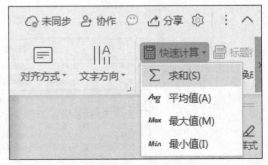

图2-26　"求和"选项

订 购 产 品 资 料				
编号	名称	单价／元	数量	金额／元
N1101	普洱茶	510	2	1020.00
S1203	保山小粒咖啡	149	5	745.00
G1105	坚果大礼包	198.6	6	1191.60
合计：2956.6 元				

图2-27　订购金额计算完成后的效果

（6）单击"保存"按钮，保存文档，完成任务。

2.3　经验与技巧

下面介绍几个使用 WPS 表格时的经验与技巧。

2.3.1　WPS 文字表格自动填充

在日常工作中，经常会遇到向 WPS 文字表格中填入相同内容的情况，此时，可以利用项目编号功能实现表格文字的自动填充，具体操作如下。

（1）选中要填入相同内容的单元格。

（2）切换到"开始"选项卡，单击"编号"下拉按钮，从下拉列表中选择"自定义编号"选项，如图 2-28 所示，打开"项目符号和编号"对话框。

图2-28　"自定义编号"选项

（3）选择"编号"选项卡下的一种编号，在"应用于"下拉列表中选择"整个列表"，单击"自定义"按钮，如图 2-29 所示，打开"自定义编号列表"对话框。

（4）在"编号格式"文本框中输入"WPS 表格"，如图 2-30 所示。单击"确定"按钮，即可实现表格文字的自动填充，如图 2-31 所示。

图2-29　"项目符号和编号"对话框　　　　　　图2-30　"自定义编号列表"对话框

WPS 表格	WPS 表格
WPS 表格	WPS 表格
WPS 表格	WPS 表格
WPS 表格	WPS 表格

图2-31　表格文字自动填充后的效果

2.3.2　表格标题跨页设置

当表格的内容较多，一页显示不完时，多余的部分就会跨页。当跨页的部分没有表头时，用户就容易忘记每个字段的内容是什么。通过设置"标题行重复"可以解决这个问题，具体操作如下。

单击表格中的任意单元格，切换到"表格工具"选项卡，单击"标题行重复"按钮，如图 2-32 所示，即可实现表格标题跨页重复显示。

图2-32　单击"标题行重复"按钮

2.4　任务小结

本任务通过制作特色农产品订购单，讲解了表格的创建、单元格的合并与拆分、表格内容输入、表格数据计算等。在实际操作中需要注意以下问题。

（1）对表格进行各种操作前，需要先选择操作对象。

（2）表格创建完成后，可能会因为表格数据变化而需要更改表格的结构，如添加或删除行或列。此时，可以将光标定位到需要添加或删除行或列的位置，在"表格工具"选项卡中单击"在上方插入行""在左侧插入列"或"删除"等按钮，如图 2-33 所示。

图2-33 "在上方插入行"按钮

（3）表格创建完成后，当单元格中的内容较多时，已定义好的列宽会发生变化，此时需要手动调整表格边线。当利用鼠标无法精确调整表格边线时，可按住<Alt>键，然后试着用鼠标调整表格的边线，表格的标尺就会发生变化，精确到 0.01 厘米，精确度明显提高了。

通常情况下，拖曳表格线可调整相邻的两列之间的宽度。按住<Ctrl>键的同时拖曳表格线，单元格的宽度将改变，增加或减少的宽度由其右方的列共同分担；按住<Shift>键的同时拖曳表格线，只改变该表格线左方单元格的宽度，其右方单元格的宽不变。

（4）在 WPS 文字中，用户也可以将文字内容转换成表格形式。其中关键操作是使用分隔符号将文本合理分隔，WPS 文字能够识别常见的分隔符，如段落标记、制表符、逗号，操作方法如下。

打开素材文件夹中的文档"文本转换成表格.wps"，选中文档中的文本内容，切换到"插入"选项卡，单击"表格"按钮，在下拉列表中选择"文本转换成表格"选项，如图 2-34 所示，打开"将文字转换成表格"对话框。选择"文字分隔位置"栏中的"制表符"单选按钮，使用默认的行数和列数，如图 2-35 所示。单击"确定"按钮，即可实现将文字内容转换成表格形式。

图2-34 选择"文本转换成表格"选项

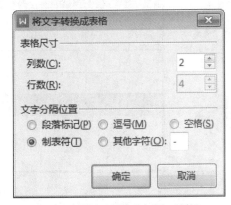

图2-35 "将文字转换成表格"对话框

2.5 拓展练习

请根据图 2-36 所示的效果，制作求职简历，要求如下。

（1）表格标题字体为"楷体"、字号为"初号"、居中、段后间距为"0.5 行"。

（2）表格内文本字体为"楷体"、字号"五号"、居中，各部分标题加粗显示。

（3）为表格设置"双线"外边框，为表格中各部分标题添加"黄色"底纹。

（4）根据自身情况，对表格中的各部分内容进行填写，以完善求职简历。

求职简历

基本信息					
姓名		电子邮箱		出生年月	
性别		QQ		联系电话	照片
现住地址				户口所在地	

求职意向			
工作性质		目标职位	
工作地点		期望薪资	

教育背景		
起止时间	学校名称	专业

培训及工作经历		
起止时间	单位名称	职位

家庭关系				
姓名	关系	工作单位	职位	联系电话

自我简介

图2-36　求职简历效果

任务 3

制作"科技下乡"志愿者面试流程图

3.1 任务简介

通过展示任务的要求与效果，分析学生需要完成的学习目标。

3.1.1 任务要求与效果展示

计算机工程学院为了提高青年大学生的实践能力，增强大学生对社会的责任感，结合地方乡村振兴工作，定于暑期安排大二的学生进行"科技下乡"大学生社会实践活动。在活动举行之前需要对报名者进行面试，学生会主席小张负责组织此次面试，为了让过程更加清楚，小张需要制作一张面试流程图。借助 WPS 文字提供的艺术字、形状等功能，小张完成了面试流程图的制作，效果如图 3-1 所示。

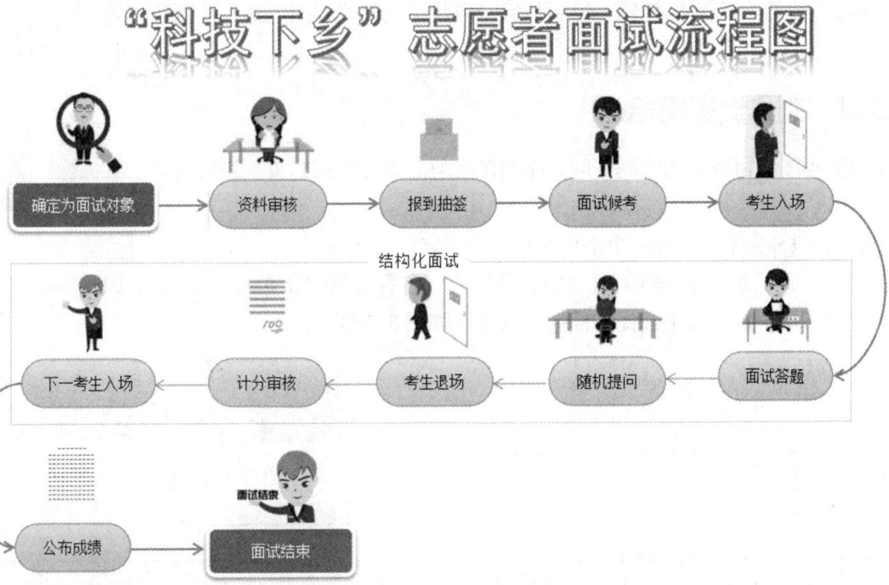

图3-1 "科技下乡"志愿者面试流程图效果

34 WPS Office 办公应用任务式教程（微课版）

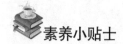素养小贴士

大学生三下乡

大学生三下乡是指"文化、科技、卫生"下乡，是各高校在暑期开展的一项意在提高大学生综合素质的社会实践活动。活动成员以志愿者的身份深入农村，传播先进文化和科技，体验基层民众生活，调研基层社会现状。大学生通过一系列实践活动。可以提高社会实践能力和思想认识，同时可以更多地为基层群众服务。当下科技下乡更能助力乡村振兴。

3.1.2 任务目标

知识目标：
➢ 了解艺术字的作用；
➢ 了解图形的作用与使用场合。

技能目标：
➢ 掌握流程图标题的制作；
➢ 掌握绘制和编辑形状；
➢ 掌握流程图主体框架的绘制；
➢ 掌握连接符的绘制；
➢ 掌握图片的插入与格式设置。

素养目标：
➢ 提升分析问题、解决问题的能力；
➢ 具备社会责任感，积极参与公益服务与劳动。

3.2 任务实现

流程图可以为我们清楚地展现出各环节之间的关系，让我们分析或观看起来更加清楚明了。流程图的制作步骤大致如下：制作流程图标题、绘制与编辑形状、绘制流程图框架、绘制连接符、插入图片。

3.2.1 制作流程图标题

为了给流程图保留较大的绘制空间，在制作之前需要先对文档页面进行设置。具体操作如下。

（1）启动 WPS 文字，新建一个空白文档。

（2）切换到"页面布局"选项卡，将上、下、左、右页边距均设置为"1.5cm"，如图 3-2 所示。单击"纸张方向"按钮，从下拉列表中选择"横向"选项，如图 3-3 所示。

图3-2 设置"页边距"

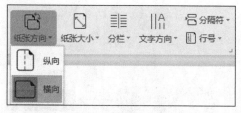

图3-3 设置"纸张方向"

页面设置完成以后，首先进行流程图标题的制作，操作步骤如下。

（1）切换到"插入"选项卡，单击"艺术字"按钮，在下拉列表中选择"填充–白色，轮廓–着色 2，清晰阴影–着色 2"选项，如图 3-4 所示，文档中将自动插入含有默认文字"请在此处放置您的文字"和所选样式的艺术字。

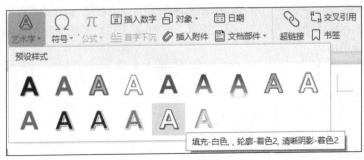

图3-4 "艺术字"下拉列表

（2）将艺术字文本"请在此处放置您的文字"修改为"'科技下乡'志愿者面试流程图"。

（3）选中艺术字，切换到"文本工具"选项卡，将艺术字文本的字体设置为"黑体"，字号设置为"小初"，加粗。

（4）单击"文本效果"按钮，从下拉列表中选择"倒影"级联菜单中的"半倒影，8pt 偏移量"选项，如图 3-5 所示。

注意：如果需要设置更大的偏移量，或者进行其他参数设置，可以单击图 3-5 所示的"更多设置"来进行微调。

图3-5 设置文字倒影效果

（5）切换到"绘图工具"选项卡，单击"对齐"按钮，从下拉列表中选择"水平居中"选项，调整艺术字的水平对齐方式，效果如图 3-6 所示。

"科技下乡" 志愿者面试流程图

图3-6 标题制作完成后的效果

3.2.2 绘制与编辑形状

在图 3-1 中，包含圆角矩形、箭头等形状，这些形状对象都是文档的组成部分。在"插入"选项卡的"形状"按钮的下拉列表中包含上百种形状对象，通过使用这些对象可以在文档中绘制出各种各样的形状。本任务中使用圆角矩形实现流程图的主体框架，操作步骤如下。

微课：绘制与编辑
形状

（1）切换到"插入"选项卡，单击"形状"按钮，在弹出的下拉列表中选择"圆角矩形"选项，如图 3-7 所示。

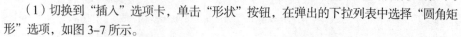

图3-7　选择"圆角矩形"选项

（2）将鼠标指针移到文档中，鼠标指针变成十字指针，按住鼠标左键并拖曳，在艺术字的左下方绘制一个圆角矩形。

（3）选择刚刚绘制的形状，切换到"绘图工具"选项卡，单击"形状样式"下拉按钮，在弹出的下拉列表中选择"浅色 1 轮廓，彩色填充-印度红，强调颜色 2"选项，如图 3-8 所示。

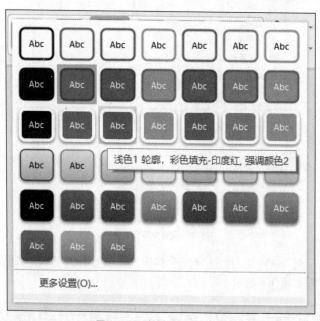

图3-8　"形状样式"下拉列表

（4）用鼠标右键单击圆角矩形，从弹出的快捷菜单中选择"编辑文字"命令，如图 3-9 所示。

（5）在光标闪烁处输入文字"确定为面试对象"，输入完成后，选中圆角矩形，切换到"文本工具"选项卡，设置文本字体为"仿宋"，字号设置为"五号"，加粗，字体颜色为"白色"。文本设置完成后的效果如图 3-10 所示。

图3-9　选择"编辑文字"命令

图3-10　文本设置完成后的效果

3.2.3　绘制流程图框架

微课：绘制流程图
框架

流程图中包含的各个形状需要逐个绘制并进行布局，以形成流程图的框架，操作步骤如下。

（1）切换到"插入"选项卡，单击"形状"按钮，在弹出的下拉列表中选择"圆角矩形"，使用鼠标在第一个圆角矩形的右侧绘制一个圆角矩形。

（2）选中刚绘制的圆角矩形，在"形状样式"的下拉列表中选择"细微效果-浅绿，强调颜色6"选项。

（3）把鼠标指针放到圆角矩形的黄色小点（圆角半径控制点）上，按住鼠标左键并向右拖曳，以调整圆角半径，效果如图 3-11 所示。

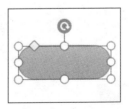

图3-11　圆角半径调整完成以后的效果

（4）在绘制的圆角矩形中输入文本"资料审核"，设置文本字体为"仿宋"，字号设置为"五号"，加粗，字体颜色为"黑色，文字 1"。

（5）根据图 3-1，多次复制刚刚制作的"资料审核"圆角矩形，并依次修改其文本为"报到抽签""面试候考""考生入场""面试答题""随机提问""考生退场""计分审核""下一考生入场""公布成绩"。复制第一个圆角矩形，修改其文本为"面试结束"，并调整其大小。

（6）按住<Shift>键，依次选中"确定为面试对象""资料审核""报到抽签""面试候考""考生入场"5个圆角矩形，切换到"绘图工具"选项卡，单击"对齐"按钮，从下拉列表中选择"垂直居中"选项，如图 3–12 所示，使选中的 5 个圆角矩形在同一中心线上。之后再次单击"对齐"按钮，从下拉列表中选择"横向分布"选项，调整 5 个圆角矩形间距相同。

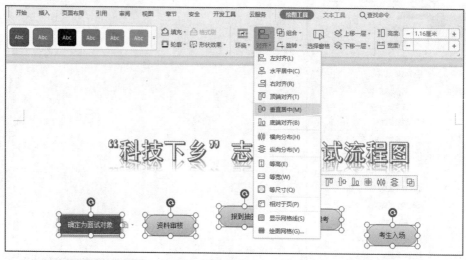

图3–12　设置圆角矩形的对齐方式

（7）使用同样的方法，依次选择"面试答题""随机提问""考生退场""计分审核""下一考生入场"5个圆角矩形，设置其对齐方式为"垂直居中"和"横向分布"。之后在"形状填充"的下拉列表中选择"细微效果–巧克力黄，强调颜色 2"选项，以更改 5 个圆角矩形的填充颜色。

（8）使用同样的方法调整"公布成绩""面试结束"2 个圆角矩形的对齐方式为"垂直居中"。至此，流程图框架绘制完成，效果如图 3–13 所示。

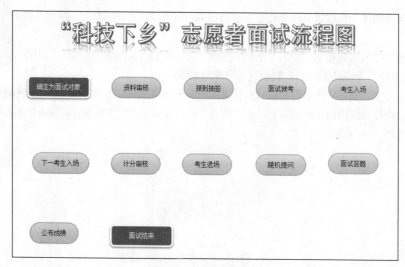

图3–13　流程图框架效果

3.2.4　绘制连接符

流程图框架绘制完成后，在流程图的各个节点之间添加连接符，可以让阅读者更清晰、准确地看到面试工作流程的走向，操作步骤如下。

微课：绘制连接符

（1）切换到"插入"选项卡，单击"形状"按钮，在下拉列表中选择"线条"栏中的"箭头"选项。使用鼠标在"确定为面试对象"与"资料审核"节点之间绘制一个箭头。设置箭头形状的填充样式为"强调线–强调颜色6"选项。

（2）根据图3-1，使用同样的方法，绘制其他节点间的水平箭头并调整第二行面试节点间水平箭头的填充样式为"强调线–强调颜色2"。

（3）再次单击"形状"按钮，在下拉列表中选择"线条"栏中的"曲线箭头连接符"选项，之后在"考生入场"与"面试答题"节点之间绘制一个曲线箭头。设置箭头的填充样式为"强调线–强调颜色6"选项，利用鼠标调整曲线箭头中间的黄色控制点，调整曲线箭头的弧度，效果如图3-14所示。

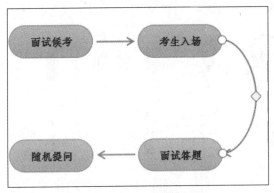

图3-14 曲线箭头调整完成后效果

（4）使用同样的方法在"下一考生入场"与"公布成绩"节点间添加曲线箭头，设置曲线箭头的填充样式为"强调线–强调颜色6"，并调整曲线箭头的弧度。

（5）再次单击"形状"按钮，在下拉列表中选择"矩形"栏中的"矩形"选项，在流程图框架的中间绘制一个矩形，将中间的5个节点覆盖。

（6）选中绘制的矩形，切换到"绘图工具"选项卡，在"填充"下拉列表中选择"无填充颜色"选项，在"轮廓"的下拉列表中选择"巧克力黄，着色2，浅色40%"选项。

（7）切换到"插入"选项卡，单击"文本框"下拉按钮，从下拉列表中选择"横向"选项，之后利用鼠标在矩形的上边框中部绘制一个文本框，向文本框中输入文本"结构化面试"，设置文本的对齐方式为"分散对齐"，设置文本框的"轮廓"为"无线条颜色"，效果如图3-15所示。

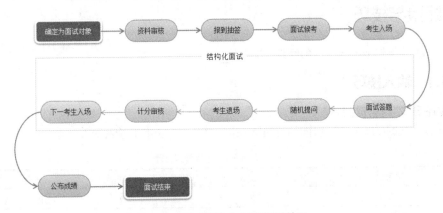

图3-15 添加矩形与文本框以后的效果

3.2.5　插入图片

微课：插入图片

为了让每个节点更加生动形象，小张还要在每个节点的上方添加相应的图片，操作步骤如下。

（1）切换到"插入"选项卡，单击"插入图片"按钮，从下拉列表中选择"本地图片"选项，打开"插入图片"对话框，选择素材文件夹中的图片 1，如图 3-16 所示。单击"打开"按钮，将图片插入文档中。

图3-16　"插入图片"对话框

（2）使图片处于选中的状态，切换到"图片工具"选项卡，设置"高度"微调框中的值为"2 厘米"。单击"环绕"按钮，从下拉列表中选择"浮于文字上方"选项。之后将图片移到"确定为面试对象"节点的上方，如图 3-17 所示。

（3）使用同样的方法为其他的节点添加相应的图片，所有图片的高度均设置为 2 厘米，环绕方式均设置为"浮于文字上方"。图片添加完成后的效果如图 3-1 所示。

（4）单击"保存"按钮，设置文档的保存路径，以"'科技下乡'志愿者面试流程图"命名进行保存。至此流程图制作完成。

确定为面试对象

图3-17　图片添加完成后的效果

3.3　经验与技巧

下面介绍几个操作 WPS 文字时的经验与技巧。

3.3.1　输入技巧

1. WPS 文字操作组合键

熟练使用快捷键可以在文字操作时节省很多时间，WPS 文字操作快捷键如表 3-1 所示。

表 3-1　WPS 文字操作组合键

组合键	功能
Ctrl+A	全选
Ctrl+B	字体加粗

续表

组合键	功能
Ctrl+C	复制
Ctrl+D	打开"字体"对话框
Ctrl+E	文本居中
Ctrl+F	查找
Ctrl+G	定位
Ctrl+H	替换
Ctrl+I	倾斜
Ctrl+J	两端对齐
Ctrl+K	打开"插入超链接"对话框
Ctrl+L	左对齐
Ctrl+N	新建文档

2. 用鼠标实现即点即输

在 WPS 文字中编辑文件时，有时要在文件的最后几行输入内容，通常采用多按几次<Enter>或<Space>键，才能将光标移至目标位置。在没有使用过的空白页中来定位输入，可以通过双击来实现，此时需要开启文档的即点即输功能，具体操作如下。

在"文件"下拉列表中单击"选项"选项，打开"选项"对话框，在对话框中选择左侧列表中的"编辑"选项，在右侧的"即点即输"栏中，勾选"启用'即点即输'"复选框，如图 3-18 所示。这样就可以实现在文件的空白区域中通过双击来定位光标了。

图3-18　"选项"对话框

3.3.2　绘图技巧

1. <Ctrl>键在绘图中的作用

<Ctrl>键可以在绘图时发挥巨大的作用。在拖曳绘图工具的同时按住<Ctrl>键，所绘制出的图形对角线是用户画出的图形对角线的 2 倍；在调整所绘制图形大小的同时按住<Ctrl>键，可使图形在编辑中心不变的情况下进行缩放。

2. <Shift>键在绘图中的作用

需要绘制一个以光标为起始点的圆形、正方形或正三角形时，选中某个形状后，按住<Shift>键在文档内拖曳鼠标指针即可得到。

在绘制直线时，选中"直线"形状后，按住<Shift>键在文档内拖曳鼠标指针，可以画出水平、垂直或45°线。

3. 绘制多个同样的形状

需要绘制多个同样的图形时，一定要注意快捷键的复制功能的使用，按住<Ctrl>键拖曳图形，可以加快绘图速度。在进行图形对齐时，先按住<Shift>键，选择需要对齐的几个图形，然后使用"绘图工具"菜单中的"对齐"命令来实现所需的对齐效果。需要对图形进行比较准确的移动时，选中图形后使用小键盘上的方向键进行移动，比使用鼠标移动更容易准确定位。

4. 组合形状

当文档中存在多个形状时，为了便于多个形状的移动、复制等整体操作，可以将多个形状组合起来，具体操作如下。

选中需要组合的形状，切换到"绘图工具"选项卡，单击"组合"按钮，从下拉列表中选择"组合"选项，如图 3-19 所示即可实现所选形状的组合。

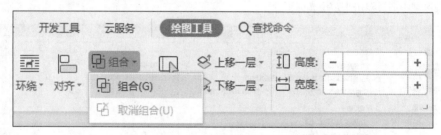

图3-19　选择"组合"选项

3.4　任务小结

"大学生科技下乡"是"文化、科技、卫生"下乡中的一个重要活动，是各高校在暑期开展的一项意在提高大学生综合素质的社会实践活动。大学生通过"大学生科技下乡"活动，可以提高社会实践能力和思想认识，同时可以更多地为基层群众服务。

流程图是我们日常生活中很常见的一种形式，它用来说明某一个过程，使过程更加清晰明了。本任务中的面试流程图，主要使用了 WPS 文字中的形状、文本框、图片来制作。通过本任务的学习，读者应掌握形状的插入与设置、连接符的绘制、图片的插入等。在实际操作中需要注意以下几个问题。

（1）在制作流程图之前，应先绘好草图，这样将使具体操作比较轻松。

（2）形状的格式还可以通过单击鼠标右键打开的快捷菜单设置。用鼠标右键单击形状，从弹出的快捷菜单中选择"设置对象格式"命令，打开"属性"窗格，如图 3-20 所示，通过窗格中的"填充与线条""效果"选项卡对形状进行美化。

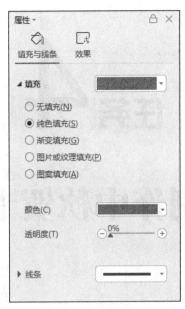

图3-20　"属性"窗格

3.5　拓展练习

医学院第一附属医院为规范体检流程，需制作健康体检工作流程图，参考图 3-21 所示的效果，自行使用 WPS 文字制作。

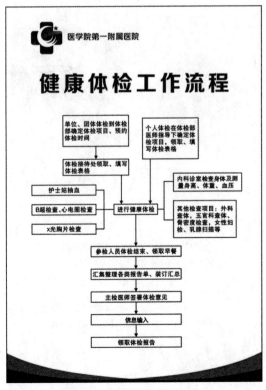

图3-21　健康体检工作流程图

任务 4

制作中秋贺卡

4.1 任务简介

通过展示任务的要求与效果，分析学生需要完成的学习目标。

4.1.1 任务要求与效果展示

中秋来临之际，优博艺术培训中心需要制作中秋贺卡以及包含中秋贺卡邮寄地址的标签，中秋贺卡由销售部门分送给相关客户，办公室小王利用 WPS 文字的邮件功能完成了贺卡与标签的制作，效果如图 4-1 所示。

图4-1 中秋贺卡效果

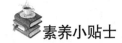

素养小贴士

中国传统节日——中秋节

中秋节与春节、清明节、端午节并称为中国四大传统节日，是仅次于春节的第二大传统节日。中秋节以"月之圆兆人之团圆"，寄托着思念故乡、思念亲人之情，祈盼丰收、幸福之意，是丰富多彩、弥足珍贵的中华传统文化遗产。

4.1.2 任务目标

知识目标：

➢ 了解页面布局、背景的作用；
➢ 了解页眉、邮件合并的作用。

技能目标：

➢ 掌握邮件合并的基本操作；
➢ 掌握利用邮件合并功能批量制作贺卡、标签、邀请函、证书等。

素养目标：

➢ 提升自我学习的能力；
➢ 具备继承中华优秀传统文化的担当意识。

4.2 任务实现

贺卡、邀请函、录取通知书、荣誉证书等文档的共同特点是形式和主要内容相同，但姓名等个别部分不同，此类文档经常需要批量打印或发送。使用 WPS 文字的邮件合并功能可以非常轻松地做好此类工作。

邮件合并的原理是将要发送的文档中相同的部分保存为一个文档，称为主文档，将不同的部分，如姓名、电话号码等保存为另一个文档，称为数据源，通过插入合并域的方式将主文档与数据源合并起来，形成用户需要的文档。

4.2.1 创建主文档

中秋贺卡主文档的制作步骤如下。

（1）启动 WPS 文字，创建一个空白文档并以"中秋贺卡"命名进行保存。

（2）切换到"页面布局"选项卡，打开"页面设置"对话框启动器按钮，在"页边距"栏中设置"上"微调框中的值为"12.85"，"下""左""右"微调框的值均为"3"，如图 4-2 所示。

微课：创建主文档

（3）在"页面设置"对话框中切换到"纸张"选项卡，在"纸张大小"的列表框中选择"B5"选项，如图 4-3 所示。切换到"页边距"选项卡，单击"确定"按钮返回文档中，完成文档的页面设置。

（4）单击"页面布局"选项卡中的"背景"按钮，从下拉列表中选择"背景图片"选项，如图 4-4 所示。打开"填充效果"对话框，单击对话框中的"选择图片"按钮，如图 4-5 所示。打开"选择图片"对话框，找到素材文件夹中的图片"中秋贺卡背景.jpg"，如图 4-6 所示。单击"打开"按钮，返回"填充效果"对话框，单击"确定"按钮，即可实现背景图片的设置。

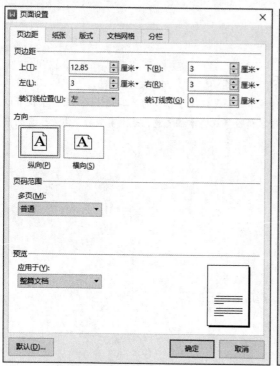

图4-2   设置"页边距"

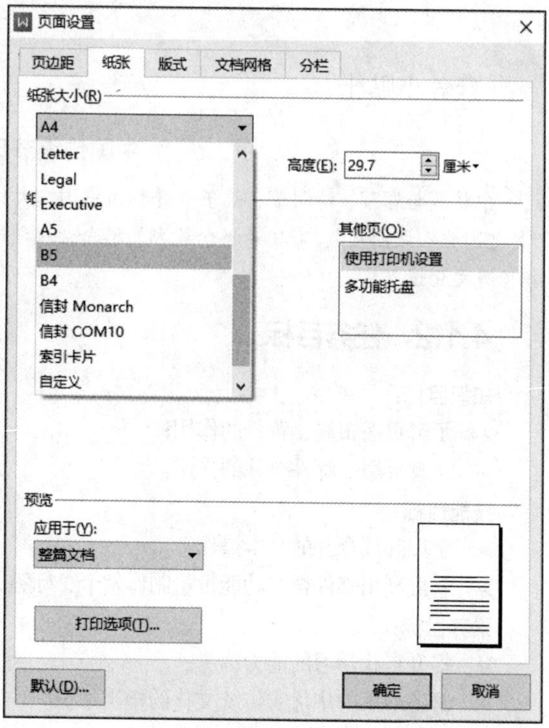

图4-3   设置"纸张大小"

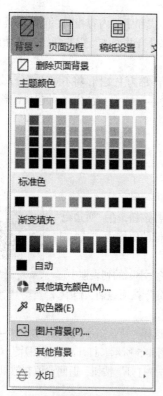

图4-4   设置背景图片

图4-5   "填充效果"对话框

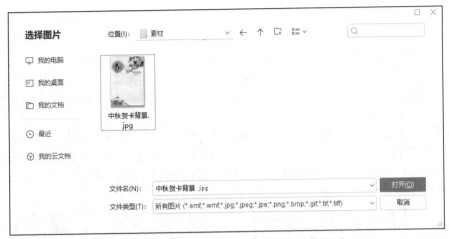

图4-6　在"选择图片"对话框中选择中秋贺卡背景图片

（5）切换到"插入"选项卡，单击"页眉和页脚"按钮，如图 4-7 所示，文档进入页眉的编辑状态。

（6）切换到"插入"选项卡，单击"文本框"下拉按钮，选择"横向"，如图 4-8 所示。

图4-7　单击"页眉和页脚"按钮

图4-8　插入横向文本框

（7）在文本框中，输入"恭贺中秋"。选中文本，切换到"开始"选项卡，设置文本的字体为"幼圆"、字号为"56"、加粗，设置文本颜色为"深红"，将文本框拖曳到页眉的底部，效果如图 4-9 所示。完成页眉效果后，在页眉区域以外，双击鼠标，退出页眉编辑。

图4-9　设置文本样式后的效果

（8）切换到"插入"选项卡，单击"形状"按钮，在下拉列表中选择"线条"栏下的"直线"，按住<Shift>键的同时按下鼠标左键向右拖曳鼠标指针，在页面中绘制一条直线。

（9）选中刚刚绘制的直线，切换到"绘图工具"选项卡，单击"形状样式"功能组中的"轮廓"下拉按钮，在下拉列表中选择"白色，背景1，深色25%"选项。再次单击"轮廓"下拉按钮，在"线型"的级联菜单中选择"1.5磅"选项。再次单击"轮廓"下拉按钮，在下拉列表中选择"虚线线型"级联菜单中的"短划线"选项。

（10）在"绘图工具"选项卡最右侧单击对话框启动器按钮，打开"布局"对话框，切换到"大小"选项卡，在"宽度"栏中设置绝对值为"18.2"，如图4-10所示。切换到"位置"选项卡，将水平和垂直对齐方式均设置为相对于页面居中，如图4-11所示。单击"确定"按钮，关闭对话框，返回文档中，完成形状位置的设置。

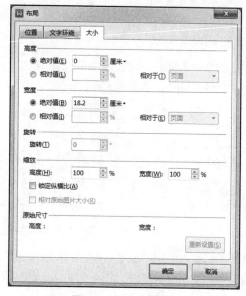

图4-10 "大小"选项卡

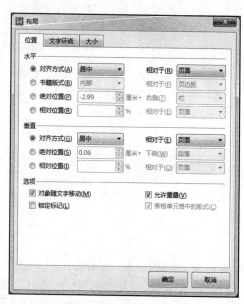

图4-11 "位置"选项卡

（11）将光标定位到文档中，切换到"开始"选项卡，在"字体"功能组中，设置字体为"微软雅黑"、字号为"16"，输入邀请相关文字"尊敬的：值此中秋佳节来临之际，谨向您及家人……"，如图4-12所示，并根据图4-1调整文本的对齐方式。

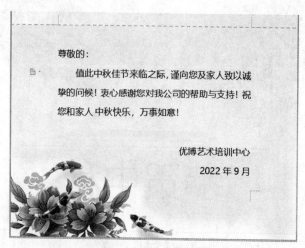

图4-12 输入贺卡内容

（12）单击"保存"按钮，完成主文档的制作。

微课：邮件合并

4.2.2　邮件合并

邮件合并需要数据源，可以先将需要接收邮件的客户信息制成 WPS 表格文件，之后将此文件作为邮件合并的数据源。本任务中已将客户信息保存为"客户通讯录.et"文件，所以在创建好主文档后，就可以进行邮件合并了，操作步骤如下。

（1）打开主文档"中秋贺卡.wps"。将光标置于文档中"尊敬的"之后，切换到"引用"选项卡，单击"邮件"按钮，如图 4-13 所示，会自动切换到"邮件合并"选项卡。

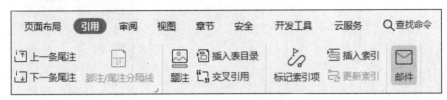

图4-13　单击"邮件"按钮

（2）单击"打开数据源"下拉按钮，从下拉列表中选择"打开数据源"选项，如图 4-14 所示，打开"选取数据源"对话框，找到素材文件夹中的"客户通讯录.et"，如图 4-15 所示。单击"打开"按钮，完成数据源的选择。

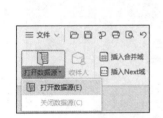

图4-14　选择"打开数据源"选项

图4-15　"选取数据源"对话框

（3）单击"收件人"按钮，打开"邮件合并收件人"对话框，如图 4-16 所示，系统默认选择全部收件人。单击"确定"按钮，关闭对话框，完成收件人的选择。

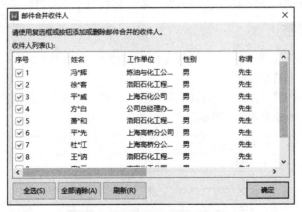

图4-16　"邮件合并收件人"对话框

（4）单击"插入合并域"按钮，如图4-17所示，打开"插入域"对话框，选择列表框中的"姓名"选项，如图4-18所示。单击"插入"按钮，再单击"关闭"按钮，返回文档中，完成域的插入。使用同样的方法，在"姓名"域后插入"称谓"域，选择"姓名"与"称谓"，设置字体颜色为深红色。

图4-17　单击"插入合并域"按钮

图4-18　"插入域"对话框

（5）单击"合并到新文档"按钮，如图4-19所示。保持"合并到新文档"对话框中的"全部"单选按钮的选中，如图4-20所示。单击"确定"按钮，返回主文档，此时将生成合并后的新文档"文字文稿1"。

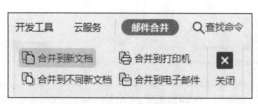

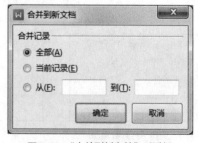

图4-19　单击"合并到新文档"按钮

图4-20　"合并到新文档"对话框

（6）切换到"文字文稿1"文档中，单击"保存"按钮，弹出"另存为"对话框，设置文件的保存路径，以"合并后的贺卡"命名文件进行保存。之后关闭"合并后的贺卡"和"中秋贺卡"。

4.2.3　制作标签

贺卡制作完成后，为了方便邮寄，可以利用 WPS 文字的邮件合并功能制作标签，并将其粘贴到邮寄信封上，操作步骤如下。

（1）新建一个空白的文档，在文档的首行输入"收件人标签"字样。之后在下方插入一个3行1列的表格，并向表格中输入图4-21所示的内容。

图4-21　标签表格的内容

（2）切换到"引用"选项卡，单击"邮件"按钮，会自动切换到"邮件合并"选项卡。单击"打开数据源"下拉按钮，从下拉列表中选择"打开数据源"选项，打开"选取数据源"对话框，在对话框中找到数据源文件"客户通讯录.et"。

（3）将光标定位于"邮政编码："之后，单击"插入合并域"按钮，打开"插入域"对话框，选择"域"列表框中的"邮编"选项，如图 4-22 所示。单击"插入"按钮，完成"邮编"域的插入。

（4）使用同样的方法向表格相应的位置插入"通讯地址"域和"姓名"域。插入完成的效果如图 4-23所示。

图4-22　插入"邮编"域

收件人标签

| 邮政编码：《邮编》 |
| 地址：《通信地址》 |
| 收件人：《姓名》 |

图4-23　标签表格插入域后的效果

（5）将光标定位于表格下方的首行，单击"插入 Next 域"按钮，此时在光标闪烁处插入了 Next 域。

（6）复制表格与 Next 域，至占满整个文档，效果如图 4-24 所示。

（7）单击"查看合并数据"按钮，即可看到合并后的效果，如图 4-25 所示。

图4-24　复制表格与Next域后效果

| 收件人标签 |
| 邮政编码：100007 |
| 地址：北京东城区东直门北大街 9 号 |
| 收件人：冯*辉 |

| 邮政编码：471003 |
| 地址：河南省洛阳市中州西路 27 号 |
| 收件人：徐*客 |

| 邮政编码：200540 |
| 地址：上海市金山区金一路 48 号 |
| 收件人：平*威 |

| 邮政编码：100728 |
| 地址：北京市朝阳区朝阳门北大街 22 号 |
| 收件人：方*白 |

| 邮政编码：471003 |
| 地址：河南省洛阳市中州西路 27 号 |
| 收件人：萧*和 |

图4-25　合并数据后的效果（部分）

（8）单击"合并到新文档"按钮，保持"合并到新文档"对话框中的"全部"单选按钮的选中，单击"确定"按钮，返回主文档。此时将生成合并后的新文档"文字文稿 2"，将其以"收件人标签–合并.wps"命名进行保存。

4.3　经验与技巧

下面介绍几个使用 WPS 文字时的经验与技巧。

4.3.1　输入技巧

1. 让 WPS 文字对你的粘贴操作"心领神会"

当我们从网页或其他程序窗口复制一些带有许多格式的内容，并将这些内容粘贴到 WPS 文档时，内容的格式也会相应地复制过来，很多时候我们只想保留其中的文本内容，而舍弃其他非文本的内容，如表格、图片等。此时可进行如下的操作，让 WPS 文字对你的粘贴操作"心领神会"。

选择"文件"→"选项"选项，打开"选项"对话框，选择对话框左侧的"编辑"选项，在右侧的"剪切和粘贴选项"栏中单击"默认粘贴方式"下拉按钮，在下拉列表中选择"无格式文本"选项，如图 4-26 所示。单击"确定"按钮，关闭对话框，完成设置。之后进行粘贴操作，即可实现无格式的文本粘贴。

图4-26　"选项"对话框

2. 巧设 WPS 文字启动后的默认文件夹

WPS 文字启动后，默认打开的文件夹总是"我的文档"。通过设置，可以自定义 WPS 文字启动后打开的默认文件夹，操作步骤如下。

（1）选择"文件"→"选项"选项，打开"选项"对话框。

（2）在该对话框中，选择列表中的"文件位置"选项后，找到文件位置中"文档路径"选项。

（3）单击"修改(M)…"按钮，打开"选择文件夹"对话框，选择希望设置为默认文件夹的文件夹，单击"选择文件夹"即可。

（4）单击"确定"按钮，此后 WPS 文字的默认打开的文件夹就是用户自己设定的文件夹。

4.3.2　编辑技巧

1. 智能一键排版

在进行文档编辑操作时，排版一直都是一个难题，格式错乱的文档会让人觉得无所适从。WPS 文字根据中文段落的缩进方式，提供了"智能格式整理"等一系列快捷操作，使用方法如下。

选中文本，切换到"开始"选项卡，单击"文字工具"按钮，从下拉列表中选择"智能格式整理"选项即可，如图 4-27 所示。

2. 禁止首行出现标点符号

在编辑文本时，有时文字的长度刚好到了一行的末尾，从而导致标点符号出现在了下一行的行首，此时可以通过"换行和分页"进行设置，操作如下。

选择段落文本，单击鼠标右键，在弹出的快捷菜单中选择"段落"命令，打开"段落"对话框。切换到"换行和分页"选项卡，勾选"换行"栏中的"按中文习惯控制首尾字符"和"允许标点溢出边界"复选框，如图 4-28 所示，之后单击"确定"按钮即可。

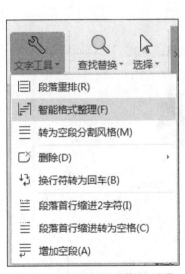

图4-27　选择"智能格式整理"选项

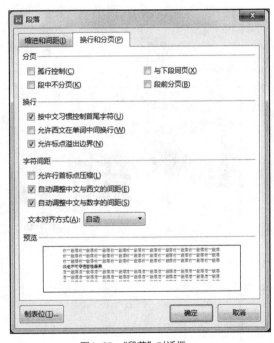

图4-28　"段落"对话框

4.4　任务小结

通过中秋贺卡的制作，读者学习了 WPS 文字中的页面设置、页面背景设置、页眉设置、绘制分隔线、邮件合并、创建标签等操作。

通过邮件合并功能，读者可以轻松地批量制作邀请函、贺卡、荣誉证书、录取通知书、工资单、信封、准考证等。

邮件合并的操作包括如下 4 步。

第 1 步：创建主文档。

第 2 步：创建数据源。

第 3 步：在主文档中插入合并域。

第 4 步：执行合并操作。

4.5 拓展练习

王丽是广东猎头信息文化服务公司的一名客户经理，在 2022 年春节来临之际，她需要用素材文件夹中的"底图.jpg"和"客户资料.wps"设计春节贺卡，发给有业务来往的客户，祝他们春节快乐。

请根据上述描述，利用 WPS 文字制作春节贺卡（见图 4-29），要求如下。

（1）调整文档页面，设置纸张大小为 A4，纸张方向为横向。

（2）根据图 4-29，在文档中插入素材文件夹中的"底图.jpg"图片。

（3）根据图 4-29，将文档中的文字通过两个文本框来显示，分别设置两个文本框的边框样式及底纹颜色等属性，使其显示效果与图 4-29 所示效果一致。

（4）根据图 4-29，分别设置两个文本框中的文字字体、字号及颜色，并设置第 2 个文本框中各段落之间的间距、对齐方式、段落缩进等属性。

（5）在"客户经理："位置后面输入姓名（王丽）。

（6）在"尊贵的＿＿＿＿先生/女士："的横线处，插入客户的姓名，客户姓名在素材文件夹下的"客户资料.wps"文件中。每张贺卡中只能包含 1 位客户的姓名，所有的贺卡页面请另外保存在一个名为"春节贺卡.wps"的文件中。

图4-29 春节贺卡效果

任务 5

编辑与排版毕业论文

5.1 任务简介

通过展示任务的要求与效果，分析学生需要完成的学习目标。

5.1.1 任务要求与效果展示

小李是××职业技术学院一名大三的学生，临近毕业，他按照毕业设计指导老师发放的毕业设计任务书的要求，完成了项目开发和论文内容的书写。接下来，他需要使用 WPS 文字对论文进行编辑和排版，具体要求如下。

（1）论文的组成部分。

论文必须包括封面、中文摘要、目录、正文、致谢、参考文献等部分，如果有源代码或线路图等，也可以在参考文献后追加附录。各部分的标题均采用论文正文中一级标题的样式。

（2）论文各组成部分的正文。

中文字体为宋体，西文字体为 Times New Roman，字号均为小四号，首行缩进两个字符。除已说明的行距外，其他正文均采用 1.25 倍行距。论文中如有公式，行距会不一致，在设置段落格式时，取消对"如果定义了文档网格，则与网格对齐"复选框的勾选。

（3）封面的要求。

根据素材文件夹给出的模板（见素材文件夹"封面模板.docx"）制作封面，并根据需要做必要的修改，封面中不显示页码。

（4）目录的要求。

自动生成；字号为小四，对齐方式为右对齐。

（5）摘要的要求。

在摘要后，间隔一行，输入文字"关键词:"，文字格式为宋体、四号、加粗，首行缩进两个字符。

（6）论文正文中的各级标题的要求。

① 一级标题：字体为黑体，字号为三号，加粗，对齐方式为居中，段前、段后间距均为0磅, 1.5倍行距。

② 二级标题：字体为楷体，字号为四号，加粗，对齐方式为左对齐，段前、段后间距均为 0 磅, 1.25倍行距。

③ 三级标题：字体为楷体，字号为小四，加粗，对齐方式为左对齐，段前、段后间距均为 0 磅, 1.25倍行距。

（7）论文中图片的要求。

对齐方式为居中；每张图片有图号和图题，并在图片正下方居中显示。图号采用如"图1-1"的格式，并在其后空两格书写图题；图题的中文字体为宋体，西文字体为Times New Roman，字号为五号。

（8）论文中的表格的要求。

对齐方式为居中；对于单元格中的内容，对齐方式为居中，中文字体为宋体，西文字体为Times New Roman，字号均为五号，标题行文字加粗；允许下页接表，表题可省略，表头应重复，并在左上方写"续表××"；每张表格有表号和表题，并在表格正上方居中。表号采用如"表1-1"的格式，并在其后空两格书写表题；表题的中文字体为宋体，西文字体为Times New Roman，字号为五号。

（9）参考文献的要求。

正文按指定的格式要求书写，1.5倍行距。

（10）页面设置。

采用A4大小的纸张，上、下页边距均为2.54厘米，左、右页边距分别为3.17厘米和2.54厘米；装订线距边界0.5厘米；页眉、页脚距边界1厘米

（11）页眉的要求。

中文字体为宋体，西文字体为Times New Roman，字号为五号；采用单倍行距，居中对齐。除论文正文部分外，其余部分的页眉中书写当前部分的标题；论文正文奇数页的页眉中书写章标题，偶数页书写"××职业技术学院毕业设计论文"。

（12）页脚的要求。

中文字体为宋体，西文字体为Times New Roman，字号为小五号；采用单倍行距，居中对齐；页脚中显示当前页的页码。其中，中文摘要与目录的页码使用罗马数字，且分别单独编号；从论文正文开始，使用阿拉伯数字，且连续编号。

（13）论文一律左侧装订，封面、摘要单面打印，目录、正文、致谢、参考文献等双面打印。

经过技术分析，小李按要求完成了毕业论文的排版，效果如图5-1所示。

图5-1　毕业论文效果（部分）

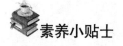素养小贴士

科学家精神

科学家精神是胸怀祖国、服务人民的爱国精神，勇攀高峰、敢为人先的创新精神，追求真理、严谨治学的求实精神，淡泊名利、潜心研究的奉献精神，集智攻关、团结协作的协同精神，甘为人梯、奖掖后进的育人精神。

5.1.2　任务目标

知识目标：

➢ 了解长文档的格式要求；

➢ 了解交叉引用、分页符的作用。

技能目标：

➢ 掌握样式的修改；

➢ 掌握样式的应用；

➢ 掌握题注的添加与交叉引用；

➢ 掌握页眉、页脚的的设置；

➢ 掌握分节符的使用

➢ 掌握目录的生成。

素养目标：

➢ 培养科学、严谨的态度；

➢ 提高团队意识和团队协作精神；

➢ 通过撰写、编辑和排版毕业设计，提高书面表达能力。

5.2　任务实现

对于毕业论文这类的长文档，编辑、排版是 WPS 文字的比较复杂的应用。要实现本任务，需要对文档进行一系列设置。

5.2.1　页面设置

先进行页面设置。毕业论文的格式要求中，页边距、装订线、纸张方向、纸张大小、页眉和页脚、页眉和页脚距边界的距离以及文档的行数、字符数等都是在"页面设置"对话框中设置的。本任务中的页面设置操作如下。

（1）打开素材中的"论文原稿.wps"，切换到"页面布局"选项卡，在"页边距"功能组中，设置上、下页边距均为 2.54 厘米，左、右页边距分别为 3.17 厘米和 2.54 厘米。纸张方向和大小设置选择默认值（纸张方向为纵向，纸张大小为 A4）即可。

（2）单击"页面设置"对话框启动器按钮，打开"页面设置"对话框，在"页边距"选项卡中设置"装订线宽"为 0.5 厘米，如图 5-2 所示。

（3）切换到"版式"选项卡，勾选"页眉和页脚"栏中的"奇偶页不同"复选框，并将"页眉""页脚"微调框中的数值都设置为"1"，如图 5-3 所示。

图5-2　设置装订线

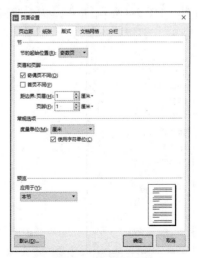

图5-3　设置页眉和页脚

（4）在"文档网络"选项卡中，选中"网络"栏的"无网络"单选按钮，单击"确定"按钮，完成对文档页面的设置。

5.2.2　修改样式

样式就是已经命名的字符和段落格式，它规定了文档中标题、正文等各个文本元素的格式。为了使整个文档具有相对统一的风格，相同的标题应该具有相同的样式。

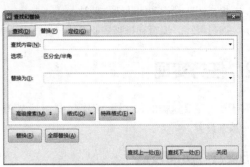

微课：修改样式

WPS 文字中提供了多种内置样式，但不能满足本任务的要求，需要修改内置样式以满足格式要求，同时，在应用样式前需要先按要求将文档中所有的全角空格删除，操作步骤如下。

（1）将光标置于文档的第一页，切换到"开始"选项卡，单击"查找替换"下拉按钮，从下拉列表中选择"替换"选项，如图 5-4 所示。打开"查找和替换"对话框，如图 5-5 所示。

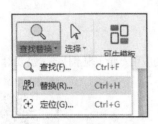

图5-4　选择"替换"选项

图5-5　"查找和替换"对话框

（2）在"查找内容"文本框中输入全角空格，在"替换为"文本框中不输入任何内容。单击"全部替换"按钮，会弹出"WPS 文字"提示框，单击"确定"按钮，完成全角空格的删除。

注意：在文档中查找和替换任何内容都可以使用这种方式实现。

删除全角空格后即可对文档进行修改样式的操作，修改一级标题"标题 1"样式的操作步骤如下。

（1）切换到"开始"选项卡，单击"新样式"下拉按钮右下角的对话框启动器按钮，打开"样式和格式"窗格，如图 5-6 所示。

（2）在"样式和格式"窗格中单击"标题 1"样式右侧的下拉按钮，在弹出的下拉列表中选择"修改"选项，打开"修改样式"对话框，如图 5-7 所示。单击对话框中的"格式"按钮，在弹出的下拉列表中选择"字体"选项，打开"字体"对话框，设置中文字体为"黑体"，西文字体为"Times New Roman"，字号为"三号"，加粗，如图 5-8 所示，最后，单击"确定"按钮。

图5-6　"样式和格式"窗格

图5-7　"修改样式"对话框

（3）单击"字体"对话框的"确定"按钮，单击"开始"选项卡中"段落"对话框启动器按钮。打开"段落"对话框。设置段落"段前"和"段后"间距均为 0 磅；行距为"1.5 倍行距"，如图 5-9 所示。设置完成后，单击"确定"按钮，回到"修改样式"对话框后再次单击"确定"按钮，完成对"标题 1"样式的修改。

（4）用同样的方法，在"样式和格式"窗格中找到"标题 2""标题 3"样式，分别按论文编写格式要求中的规定对其进行修改。

图5-8 设置标题1的字体   图5-9 设置段落与间距

按照要求依次设置"二级标题"和"三级标题"的样式。

"正文"样式是 WPS 中最基础的样式之一，轻易不要修改它，一旦它被修改，将会影响所有基于"正文"样式的其他样式的格式。为此，需要创建论文正文使用的样式，操作步骤如下。

（1）单击"样式和格式"窗格中的的"新样式"按钮，打开"新建样式"对话框。

（2）在"名称"文本框中输入样式名称"论文正文"，在"后续段落样式"下拉列表框中选择"论文正文"选项，如图 5-10 所示。

（3）单击"新建样式"对话框左下角的"格式"按钮，从弹出的下拉列表中选择"字体"选项，打开"字体"对话框，在对话框中设置中文字体为"宋体"、西文字体为"Times New Roman"、字号为"小四"，如图 5-11 所示。单击"确定"按钮，返回"新建样式"对话框。

图5-10 新建"论文正文"样式   图5-11 设置正文字体格式

（4）再次单击"格式"按钮，从弹出的下拉列表中选择"段落"选项，打开"段落"对话框，在打开的对话框中设置段落缩进格式为"首行缩进""2 字符"，段落行距为 1.25 倍行距，取消对"如果定义了文档网格，则与网格对齐"复选框的勾选，如图 5-12 所示。单击"确定"按钮，返回"新建样式"对话框。再次单击"确定"按钮，完成"论文正文"样式的创建。

（5）用同样的方法，根据论文格式的要求，新建"参考文献""关键词""图表标题"等样式，定义好样式的"样式和格式"窗格如图 5-13 所示。

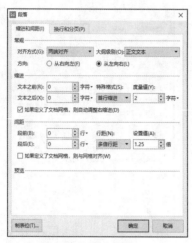

图5-12　设置缩进与间距　　　　　　　　图5-13　定义好样式的"样式和格式"窗格

5.2.3　样式的应用

样式新建与修改好后，选择对应的文本直接应用就可以了，具体步骤如下。

（1）选择需要设置为一级标题的文本，如"摘要"，之后单击"样式与格式"窗格中的"标题 1"按钮，这样就为"摘要"应用了"标题 1"样式。

（2）使用同样的方法将"第一章 系统概述""第二章　系统可行性和需求分析""第×章……""致谢""参考文献"设置成"标题 1"样式。

（3）将文中的二级标题如"1.1 系统开发的背景及现状""1.2 系统开发的目的与意义""1.3 系统方案介绍""1.4 本论文的内容结构""2.1……""3.1……"等设置成"标题 2"样式。

（4）将文中的三级标题如"1.3.1 系统开发环境和技术""1.3.2 基于分布式的系统框架"等设置成"标题 3"样式。

（5）将"关键词""论文正文""参考文献"等样式应用到文档中相应内容上。

5.2.4　图表题注的插入与交叉引用

在长文档编辑中，需要为图表插入题注并交叉引用。

1. 插入题注

在论文中，图表要求按章节中出现的顺序分章编号，使用 WPS 中的题注功能可以实现图表的自动编号。首先将素材中的图片"图 1-1"插入"整个系统最终设计为如图 1-1 所示的分布式体系结构"，之后调整图片的大小并使其居中对齐。

插入题注的操作步骤如下。

（1）选中刚刚插入的图片，如图 5-14 所示。

（2）切换到"引用"选项卡，单击"题注"按钮，打开"题注"对话框，如图 5-15 所示。

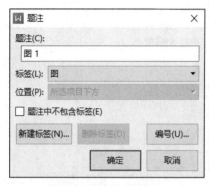

图5-14　插入图片　　　　　　　　　　图5-15　"题注"对话框

（3）在"标签"下拉列表框中选择"图"，"位置"选择默认的"所选项目下方"选项，然后单击"新建标签"按钮，打开"新建标签"对话框。

（4）在"新建标签"对话框的"标签"文本框中输入"图 1-"，如图 5-16 所示。单击"确定"按钮，关闭该对话框，返回"题注"对话框，再单击"确定"按钮，在图的下方插入题注"图 1-1"，在其后输入两个空格后输入文字"大学诚信档案管理系统总体体系结构"，按论文格式要求设置文本格式，效果如图 5-17 所示。

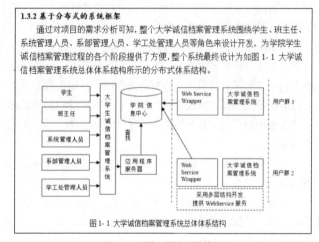

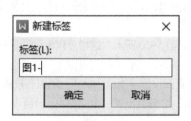

图5-16　新建标签　　　　　　　　　　图5-17　插入题注后的效果

（5）当需要为第一章的第二幅图加题注时，只需要选中该图，切换到"引用"选项卡，单击"题注"按钮，打开"题注"对话框，在"标签"下拉列表中选择对应的标签"图 1-"，单击"确定"按钮，第二幅图的题注会自动出现在图的下一行，之后输入文字说明。

2. 交叉引用

交叉引用的步骤如下。

（1）将文本中"如图 1-1 所示"中的"图 1-1"删除，并将光标置于"如"后。切换到"引用"选项卡，单击"交叉引用"按钮，打开"交叉引用"对话框，如图 5-18 所示。

（2）在"引用类型"下拉列表框中选择"图 1-"，在"引用内容"下拉列表框中选择"完整题注"选项，在"引用哪一个题注"列表框中选择"图 1-1 大学诚信档案管理系统总体体系结构"选项，如图 5-19 所示。单击"插入"按钮，在文本中交叉引用，单击"关闭"按钮，关闭"交叉引用"对话框。

图5-18 "交叉引用"对话框　　　　　　　　　　图5-19 设置 "交叉引用"对话框

（3）用同样的方法向论文中添加图 2-1 和图 2-2 等其他图片，设置图片格式，并为图片添加题注和进行交叉引用。

微课：分节符的使用

5.2.5 分节符的使用

节是文档格式化的最大单位，只有在不同的节中，才可以设置与前面文本不同的页眉、页脚、页边距、页面方向、文字方向或分栏版式等格式。为了使文档的编辑、排版更加灵活，用户可以将文档分割成多个节，以便于对同一个文档中不同部分的文本进行不同的格式化。在新建文档时，默认情况下 WPS 文字将整篇文档认为是一个节。

节与节之间用双虚线作为分界线，称为分节符。分节符在一个节的结尾处，是表示一个节结束的符号。在分节符中存储了分节符之上整节的文本格式，如页边距、页眉和页脚等。分节符也表示一个新节的开始。

任务中论文格式要求设置不同的页眉、页脚，所以必须将文档分成多节。插入分节符的类型：在摘要、目录这 2 页的内容结尾处分别插入 "奇数页分节符"，在其他各章节开始位置插入 "下一页分节符"。具体操作步骤如下。

（1）切换到 "开始" 选项卡，单击 "显示/隐藏编辑标记" 按钮，如图 5-20 所示。这样可以看到段落符号和插入后的分节符。

（2）将光标置于 "摘要" 之前，切换到 "页面布局" 选项卡，单击页面设置功能组中的 "分隔符" 按钮，在下拉列表中选择 "奇数页分节符" 选项，如图 5-21 所示。在 "摘要" 之前会出现一个空白页，用于插入论文的封面。

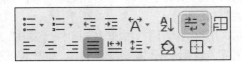

图5-20 单击 "显示/隐藏编辑标记" 按钮

图5-21 选择 "奇数页分节符" 选项

（3）在"摘要"的内容结尾处，插入"奇数页分节符"。在下一页的首行输入"目录"之后按<Enter>键。对"目录"字样应用"标题1"样式并在其后插入"奇数页分节符"，使其与"第一章"分页。

（4）将光标置于第二章之前，利用同样的方法插入"下一页分节符"。

（5）用同样的方法，在第三章、第四章、第五章、致谢、摘要等各个章节的开始处插入"下一页分隔符"。至此，论文分节完成。

5.2.6　页眉和页脚的设置

在长文档编辑中经常使用页眉与页脚，具体使用方法如下。

1. 页眉设置

按照论文页眉的格式要求，除封面不需要设置页眉外，其他部分中奇数页页眉内容为当前部分标题，偶数页页眉内容为"××职业技术学院毕业设计论文"，具体操作步骤如下。

（1）设置论文中奇偶页页眉不同的前提是必须已在"页面设置"对话框中设置了"奇偶页不同"，如图5-3所示。

（2）将鼠标指针定位到文档开始处，切换到"插入"选项卡，单击"页眉和页脚"按钮，打开"页眉和页脚"选项卡，此时，页面将显示空白页眉，如图5-22所示。

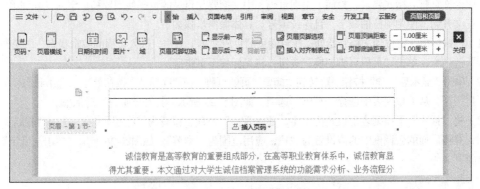

图5-22　插入"页眉和页脚"

由于封面中不书写页眉，可以依次按<Ctrl+A>组合键和<Delete>键将文字连同段落标记一起删除。

（3）在"页眉和页脚"选项卡中，单击"显示后一项"按钮，将光标置于"摘要"页的页眉区中。单击"同前节"按钮，切断与封面页的联系，然后在页眉区的光标处输入"摘要"。选中页眉文本，将其字体设置为"宋体"，字号为"小五"。

（4）接着单击"显示后一项"按钮，将光标置于"目录"页的页眉区中，单击"同前节"按钮，切断与"摘要"页的联系，并输入文本"目录"。

（5）单击"显示后一项"按钮，将光标置于第一章的页眉区中，单击"同前节"按钮，切断与"目录"页的联系，然后输入第一章的页眉"第一章 系统概述"，如图5-23所示。

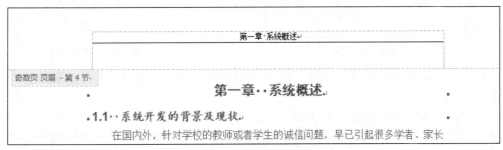

图5-23　设置奇数页页眉

（6）单击"显示后一项"按钮，将光标置于第一章偶数页的页眉区中，使"同前节"按钮处于未选中状态，然后输入文本"××职业技术学院毕业设计论文"，并将其字体设置为"宋体""小五号"，如图 5-24 所示。

图5-24 设置偶数页页眉

（7）依次设置第二章、第三章、第四章、第五章的页眉。其中，设置奇数页的页眉时，首先使"链接到前一条页眉"按钮处于未选中状态，然后输入相应章的标题；对偶数页的页眉不做任何设置，保持第一章偶数页的页眉即可。

（8）将"致谢"和"参考文献"两节的页眉分别设置为其标题文本，且不区分奇偶页。

（9）单击"页眉与页脚"选项卡中的"关闭"按钮，完成对页眉的设置。

2. 页脚设置

按照论文页脚的格式要求，封面不出现页码，中文摘要与目录的页码使用罗马数字，且分别单独编号；从论文正文开始，使用阿拉伯数字，且连续编号。具体操作步骤如下。

（1）将鼠标指针定位到文档开始处，在封面页的页眉文本上双击，进入页眉的编辑状态，切换到"页眉与页脚"选项卡，单击"页眉页脚切换"按钮，将光标移至页脚区。

（2）单击"显示后一项"按钮，跳转到"摘要"页的页脚，使"同前节"按钮处于未选中状态，单击"页码"下拉按钮，从下拉列表中选择"页码"选项，如图 5-25 所示，打开"页码"对话框。

（3）将"样式"下拉列表框设置为"Ⅰ，Ⅱ，Ⅲ…"选项，位置为"底端居中"，选中"起始页码"单选按钮，并将后面的微调框中的值设置为"1"，应用范围为"本节"，如图 5-26 所示，单击"确定"按钮，返回页脚区。

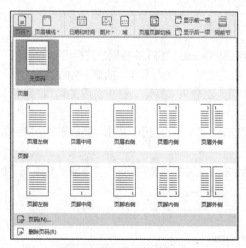

图5-25 "页码"下拉列表

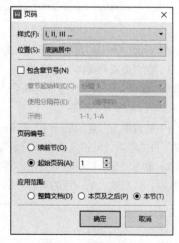

图5-26 设置页码格式

（4）单击"显示后一项"按钮，跳转到"目录"页的页脚区，单击"同前节"按钮页码将续前节顺延，应用范围为"本节"。

（5）单击"显示后一项"按钮，将光标置于"第一章 系统概述"奇数页的页脚区，单击"同前节"按钮取消与前节的关联。打开"页码"对话框，选中"起始页码"单选按钮，并将后面的微调框中的值设置为"1"，如图 5-26 所示，应用范围为"本页及之后"，如图 5-27 所示。然后单击"确定"按钮，返回文档中，阿拉伯数字页码出现在其中，如图 5-28 所示。

图5-27　设置论文第一章的页码格式

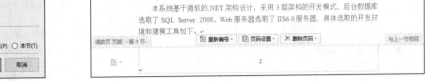

图5-28　论文第一章的页码

（6）单击"页眉与页脚"选项卡中的"关闭"按钮，完成对页脚的设置。

5.2.7　目录的生成

目录一般位于论文的摘要或图书的前言之后，并且单独占页。对于定义了多级标题样式的文档，可以通过 WPS 文字的索引和目录功能提取目录，具体操作步骤如下。

微课：目录的生成

（1）将光标定位在目录空白页。

（2）切换到"引用"选项卡中，单击"目录"按钮，如图 5-29 所示，在下拉列表中选择"自定义目录"选项。打开"目录"对话框，如图 5-30 所示。

图5-29　单击"目录"按钮

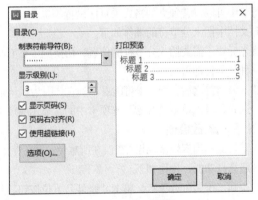

图5-30　"目录"对话框

（3）在"目录"对话框中，设置显示级别为"3"，勾选"显示页码""页码右对齐""使用超级链接"复选框，之后单击"确定"按钮，完成目录的自动生成。

（4）按论文格式要求对生成的目录进行格式化：中文字体为"宋体"、西文字体为"Times New Roman"、字号为"小四"、1.25 倍行距、对齐方式为"右对齐"，效果如图 5-31 所示。

（5）将素材中的"封面模板"内容复制到论文的封面页，保存论文文档，至此，毕业论文制作完毕。

注意：当论文中的内容或页码发生变化时，目录需要及时更新，此时，可在目录的任意位置单击鼠标右键，从弹出的快捷菜单中选择"更新域"命令，打开"更新目录"对话框，如图 5-32 所示。如果只是页码发生改变，可选中"只更新页码"单选按钮。如果标题内容发生改变，可选中"更新整个目录"单选按钮，也可按<F9>键进行更新。

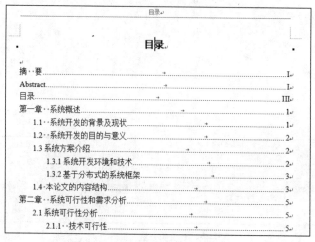

图5-31　目录生成后的效果（部分）

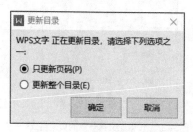

图5-32　"更新目录"对话框

5.3　经验与技巧

下面介绍几个使用 WPS 文字时的经验与技巧。

5.3.1　排版技巧

1. 文档分节

默认一篇文章就是一节。为了在一篇文章中设置不同的元素，如页边距、页面的方向、页眉和页脚，以及页码的顺序等，可以通过分节符实现。分节符是表示节结束的符号。简单说就是一篇文章可以包括不同的节，每节中可以设置独立的格式（页面设置等）。

向文档中插入分节符的操作如下。

将光标置于需要插入分节符的位置，切换到"页面布局"选项卡，单击"分隔符"按钮，从下拉列表中选择一种分节符即可。

插入分节符之后，用户很可能看不到它，因为默认情况下，在常用的"页面"视图模式下是看不到分节符的。这时，可以单击"开始"选项卡中的"显示/隐藏编辑标记"按钮，让分节符"现出原形"。

2. 显示修改痕迹

由于长文档内容较多，出现错误在所难免，此时对文档会进行一些修改操作。为了显示文档修改的痕迹，可以开启修订功能，操作如下。

切换到"审阅"选项卡，单击"修订"下拉按钮，从下拉列表中选择"修订"选项，如图 5-33 所示。开启修订状态，之后直接在文档中修改，修改时在"显示标记"下拉列表中勾选"显示的批注"和"批注框"即可。

图5-33　选择"修订"选项

5.3.2　长文档技巧

1.　同时编辑文档的不同部分

操作长文档时，有时会因实际需要同时编辑同一文档中的相距较远的多个部分。通过 WPS 文字的新建窗口功能，可以实现长文档中不同部分的同时编辑，操作方法如下。

首先打开需要显示和编辑的文档，如果文档窗口处于最大化状态，切换到"视图"选项卡，单击"新建窗口"按钮，如图 5-34 所示。屏幕上立即会产生一个新窗口，显示的也是这篇文档，这时就可以通过窗口切换和窗口滚动操作，使不同的窗口显示同一文档的不同位置中的内容，以便阅读和编辑。

此外，也可以通过"新建窗口"下方的"拆分窗口"按钮，实现文档窗口的"一分为二"效果。

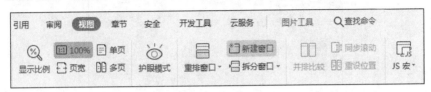

图5-34　单击"新建窗口"按钮

2.　提取文档目录

在编辑完成有若干章节的一篇长文档后，如果对文档中的章节标题应用了相同的格式，比如方正姚体、小三号、加粗，那么可以通过查找功能来提取目录，操作方法如下。

单击"开始"选项卡的"查找替换"按钮，打开"查找和替换"对话框。

单击"格式"按钮，从下拉列表中选择"字体"选项，在"中文字体"下拉列表框中选择"方正姚体"，在"字号"列表框中选择"小三号"，在"字形"列表框中选择"加粗"，单击"突出显示查找内容"按钮，如图 5-35 所示。单击"关闭"按钮，所有符合设定格式的文本全部被选中，这时就可以使用"复制"命令来提取它们，然后使用"粘贴"命令把它们插入文档的开始处。

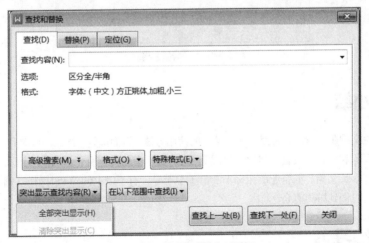

图5-35　"查找和替换"对话框

3.　快速浏览、定位长文档

单击"视图"选项卡的"导航窗格"下拉按钮，选择导航窗格的显示位置，如图 5-36 所示。然后单击导航窗格中的标题即可跳转至文档中的相应位置，如图 5-37 所示。导航窗格将在一个单独的窗格中显示文档标题，用户可通过文档结构在整个文档中快速漫游并追踪特定位置。在导航窗格中，可选择显示的内容级别，调整文档结构图的大小。若标题太长，超出文档结构图宽度，不必调整窗口大小，只需将鼠标指针在标题上稍作停留，即可看到整个标题。

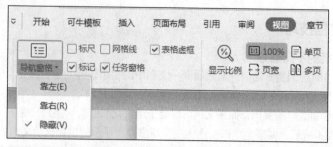

图5-36　"导航窗格"下拉列表

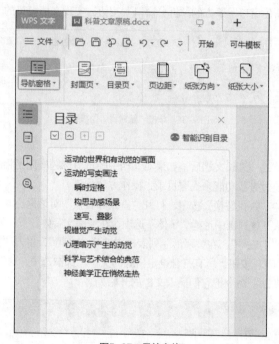

图5-37　导航窗格

5.4　任务小结

通过对毕业论文排版的学习，大家对文档结构的使用方法、页面设置、样式的修改和应用、图表的编辑、分节符的使用、页眉和页脚的设置、目录的生成等 WPS 文字中的操作有了深入的了解。大家在日常工作中可能经常会遇到许多长文档，如企业的招标书、员工手册等，有了以上的 WPS 操作基础，对于此类长文档的排版和编辑就可以做到游刃有余。

5.5　拓展练习

对素材文件夹中的"绿城员工手册.wps"文档进行排版，效果如图 5-38 所示。要求如下：

（1）调整纸张大小为 B5，页边距的左边距为 2cm，右边距为 2cm，装订线位置靠左，装订线宽为 1cm，对称页边距。

（2）将文档中蓝色段落设置为"标题 1"样式，文档中红色段落设为"标题 2"样式，文档中绿色斜体字段落设置为"标题 3"样式。

（3）将正文部分文本的字号设为四号字，每个段落设为 1.2 倍行距且首行缩进 2 字符。

（4）在文档的开始位置新建一个空白页，在页面首行输入文本"目录"，设置文本的字体为等线、字号为二号。在文本的下方插入只显示 1～2 级标题的目录，设置生成目录文本的字体为宋体、字号为四号。

（5）文档除目录页外均显示页眉和页码，页眉内容为"员工手册"，页眉文本内容显示在文档顶部居中位置；正文开始页为第 1 页，页码显示在文档的底部居中。

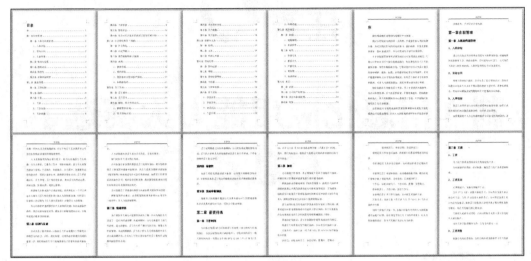

图5-38　拓展练习排版后的效果（部分）

任务6

制作信息化应用能力大赛选手信息表

6.1 任务简介

通过展示任务的要求与效果，分析学生需要完成的学习目标。

6.1.1 任务要求与效果展示

为不断提升学生信息素养，积极推动信息技术与教育教学融合创新，某学校举办了信息化应用能力大赛。经过初赛选拔，部分优秀选手进入了决赛，为了了解决赛选手的基本情况，现要制作一张进入决赛的选手信息表，王老师利用WPS表格的相关操作，很快完成了这项任务。信息化应用能力大赛选手信息表效果如图6-1所示。

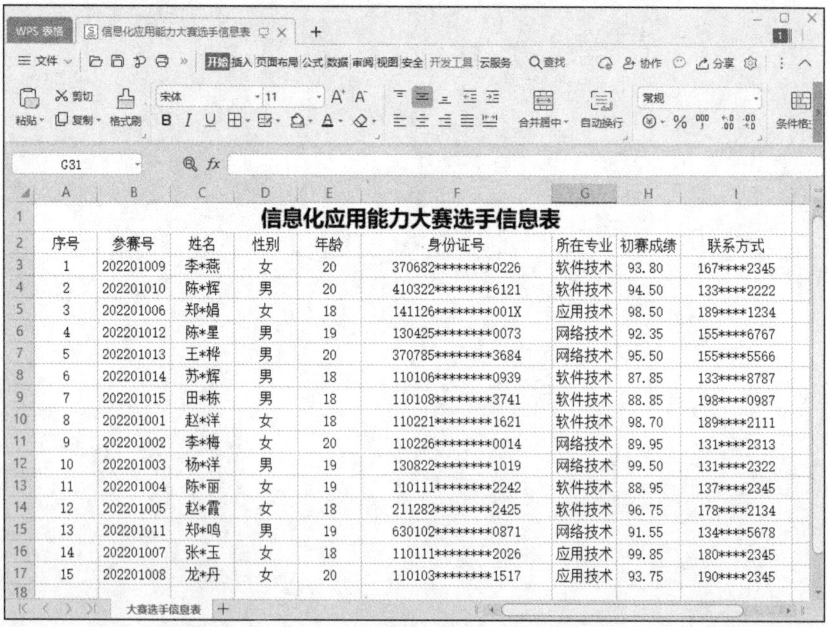

信息化应用能力大赛选手信息表

序号	参赛号	姓名	性别	年龄	身份证号	所在专业	初赛成绩	联系方式
1	202201009	李*燕	女	20	370682********0226	软件技术	93.80	167****2345
2	202201010	陈*辉	男	20	410322********6121	软件技术	94.50	133****2222
3	202201006	郑*娟	女	18	141126********001X	应用技术	98.50	189****1234
4	202201012	陈*星	男	19	130425********0073	网络技术	92.35	155****6767
5	202201013	王*桦	男	20	370785********3684	网络技术	95.50	155****5566
6	202201014	苏*辉	男	18	110106********0939	软件技术	87.85	133****8787
7	202201015	田*栋	男	18	110108********3741	软件技术	88.85	198****0987
8	202201001	赵*洋	女	18	110221********1621	软件技术	98.70	189****2111
9	202201002	李*梅	女	20	110226********0014	网络技术	89.95	131****2313
10	202201003	杨*洋	男	19	130822********1019	网络技术	99.50	131****2322
11	202201004	陈*丽	女	19	110111********2242	软件技术	88.95	137****2345
12	202201005	赵*霞	女	18	211282********2425	软件技术	96.75	178****2134
13	202201011	郑*鸣	男	19	630102********0871	网络技术	91.55	134****5678
14	202201007	张*玉	女	18	110111********2026	应用技术	99.85	180****2345
15	202201008	龙*丹	女	20	110103********1517	应用技术	93.75	190****2345

图6-1 信息化应用能力大赛选手信息表效果

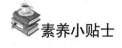素养小贴士

网络安全法

网络安全法一般指《中华人民共和国网络安全法》，是为了保障网络安全，维护网络空间主权和国家安全、社会公共利益，保护公民、法人和其他组织的合法权益，促进经济社会信息化健康发展制定的法规。

6.1.2 任务目标

知识目标：
➢ 了解 WPS 工作簿文件的作用；
➢ 了解 WPS 工作簿文件的优势。

技能目标：
➢ 掌握 WPS 表格中单元格的自定义格式；
➢ 掌握单元格的格式设置；
➢ 掌握数据有效性的设置；
➢ 掌握自定义数据序列；
➢ 掌握表格的格式化。

素养目标：
➢ 提升社会责任感和增强法律意识；
➢ 加强科学、严谨的工作态度。

6.2 任务实现

本任务主要依据需求来完成表格的创建。

6.2.1 建立大赛选手基本表格

为了全面了解大赛选手，在表格中设置了较多字段，在向表格中输入数据之前，需要创建一个基本表格，包括表格的标题和表头，具体操作步骤如下。

微课：建立大赛选手基本表格

（1）启动 WPS 表格，创建一个空白的工作簿文件，用鼠标右键单击工作表标签"Sheet1"，从弹出的快捷菜单中选择"重命名"命令，如图 6-2 所示。此时工作表标签将被选中且反白显示，将工作表标签"Sheet1"删除并输入文本"大赛选手信息表"，如图 6-3 所示，完成工作表的重命名操作。

图6-2 选择"重命名"命令

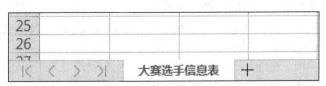

图6-3 重命名工作表后的效果

（2）选择单元格 A1，在其中输入文字"信息化应用能力大赛选手信息表"。在单元格区域 A2:I2 中依次输入"序号""参赛号""姓名""性别""年龄""身份证号""所在专业""初赛成绩""联系方式"。

（3）选择单元格区域 A1:I1，单击"开始"选项卡中的"合并居中"下拉按钮，从下拉列表中选择"合并居中"选项，如图 6-4 所示。完成标题行的合并居中，效果如图 6-5 所示。

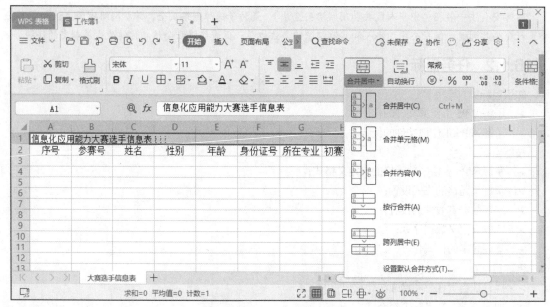

图6-4　选择"合并居中"选项

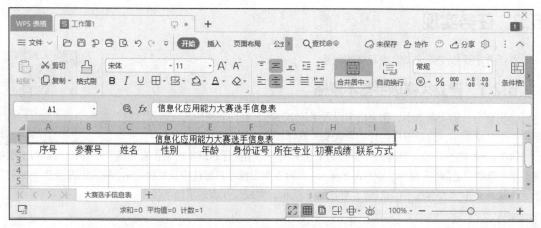

图6-5　大赛选手信息表的标题与表头

6.2.2　自定义参赛号格式

微课：自定义参赛号格式

参赛号用于区别每个参赛对象及其参赛结果，最后进行表彰。信息化应用能力大赛的参赛号格式为"年份+赛项号+参赛序号"，信息技术应用赛项的赛项号为"01"，则 2022 年此赛项的第 1 号选手的参赛号为"202201001"。利用 WPS 表格中单元格格式的自定义功能可实现参赛号的快速输入，操作步骤如下。

（1）选择单元格区域 B3:B17，切换到"开始"选项卡，单击"单元格格式：数字"对话框启动器按钮，如图 6-6 所示，打开"单元格格式"对话框。

图6-6　单击"单元格格式：数字"对话框启动器按钮

（2）"单元格格式"对话框会自动切换到"数字"选项卡，选择"分类"列表中的"自定义"选项，在右侧"类型"文本框中输入"202201000"，如图 6-7 所示。

（3）单击"确定"按钮，返回工作表中，在单元格 B3 中输入"1"，按<Enter>键，即可在单元格 B3 中看到完整的编号，如图 6-8 所示。再次选中单元格 B3，利用填充句柄，以"填充序列"的方式将编号自动填充到单元格 B17。

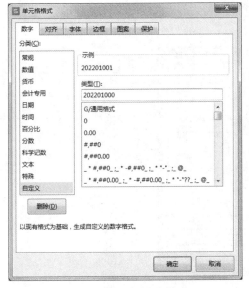

图6-7　设置"自定义"格式

图6-8　"自定义"单元格完成后的效果

（4）在单元格区域 C3:C17 中输入图 6-9 所示的选手姓名。

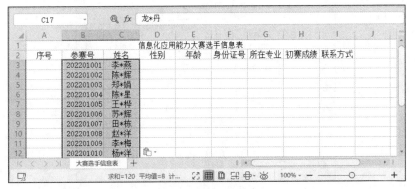

图6-9　选手姓名

6.2.3　制作性别、所在专业下拉列表

微课：制作性别、
所在专业下拉列表

选手信息表中的"性别"与"所在专业"列可以通过 WPS 表格中的有效性功能，制作出下拉列表，供用户选择内容并在单元格中显示，方便用户快速输入信息，下拉列表的操作步骤如下。

（1）选中单元格区域D3:D17，切换到"数据"选项卡，单击"有效性"下拉按钮，从下拉列表中选择"有效性"选项，如图 6-10 所示，打开"数据有效性"对话框。

图6-10　选择"有效性"选项

（2）在"设置"选项卡中，单击"允许"下拉按钮，从下拉列表中选择"序列"选项，在"来源"文本框中，输入文本"男,女"，如图 6-11 所示。注意：文本中的逗号为英文状态下的符号。单击"确定"按钮，返回工作表。

图6-11　"数据有效性"对话框

（3）此时单元格 D3 右侧出现下拉按钮，单击此下拉按钮，即可在下拉列表中显示"男""女"选项，如图 6-12 所示。

	A	B	C	D	E	F
1				信息化应用能力大赛选手信息表		
2	序号	参赛号	姓名	性别	年龄	身份证号
3		202201001	李*燕	男		
4		202201002	陈*辉	男		
5		202201003	郑*娟	女		
6		202201004	陈*星			
7		202201005	王*桦			
8		202201006	苏*辉			
9		202201007	田*栋			
10		202201008	赵*洋			
11		202201009	李*梅			
12		202201010	杨*洋			
13		202201011	陈*丽			
14		202201012	赵*霞			
15		202201013	郑*鸣			

图6-12　选择输入性别

（4）使用同样的方法，选择单元格区域 G3:G17，打开"数据有效性"对话框，设置序列来源为"软件技术，网络技术，应用技术"，如图 6-13 所示。

图6-13　设置"所在专业"列的序列来源

（5）单击"确定"按钮，返回工作表，在单元格区域 G3:G17 中选择选手所在专业，效果如图 6-14 所示。

	A	B	C	D	E	F	G	H	I	J
1	信息化应用能力大赛选手信息表									
2	序号	参赛号	姓名	性别	年龄	身份证号	所在专业	初赛成绩	联系方式	
3		202201001	李*燕	女			软件技术			
4		202201002	陈*辉	男			软件技术			
5		202201003	郑*娟	女			应用技术			
6		202201004	陈*星	男			网络技术			
7		202201005	王*桦	男			网络技术			
8		202201006	苏*辉	男			软件技术			
9		202201007	田*栋	男			软件技术			
10		202201008	赵*洋	女			软件技术			
11		202201009	李*梅	女			网络技术			
12		202201010	杨*洋	男			网络技术			
13		202201011	陈*丽	女			软件技术			
14		202201012	赵*霞	女			软件技术			
15		202201013	郑*鸣	男			网络技术			
16		202201014	张*玉	女			应用技术			
17		202201015	龙*丹	女			应用技术			

大赛选手信息表　＋

图6-14　设置下拉列表并选择完成后的效果

6.2.4　设置年龄数据验证

微课：设置年龄数据验证

由于本次大赛要求参赛选手为大一和大二的学生，因此选手的年龄要求在 18 岁和 20 岁，并且输入的年龄必须为整数。此时可以使用有效性功能限制年龄的输入，避免出错，操作步骤如下。

（1）选择单元格区域 E3:E17，单击"数据"选项卡下的"有效性"按钮，打开"数据有效性"对话框。

（2）在"设置"选项卡中，选择"允许"下拉列表中的"整数"选项，在"数据"下拉列表中选择"介于"选项，在"最小值"文本框中输入"18"，在"最大值"文本框中输入"20"，如图 6-15 所示。

（3）切换到"输入信息"选项卡，在"输入信息"文本框中输入信息"请输入在 18～20 的年龄!"，如图 6-16 所示。

图6-15 设置输入值类型与范围

图6-16 设置"输入信息"

（4）切换到"出错警告"选项卡，在"样式"下拉列表中选择"警告"选项，在"错误信息"文本框中输入信息"您输入的年龄超出范围!"，如图6-17所示。

图6-17 设置"出错警告"

（5）单击"确定"按钮，返回工作表，可看到图6-18所示的提示信息。

图6-18 显示提示信息

（6）如果在单元格中输入了小于 18 或大于 20 的年龄，将会弹出图 6-19 所示的提示框，可重新输入数据。"年龄"列数据输入完成后的效果如图 6-20 所示。

	A	B	C	D	E	F	G	H	I	J
1				信息化应用能力大赛选手信息表						
2	序号	参赛号	姓名	性别	年龄	身份证号	所在专业	初赛成绩	联系方式	
3		202201001	李*燕	女	15		软件技术			
4		202201002	陈*辉	男						
5		202201003	郑*娟	女						
6		202201004	陈*星	男						
7		202201005	王*桦	男						
8		202201006	苏*辉	男			软件技术			
9		202201007	田*栋	男			软件技术			
10		202201008	赵*洋	女			软件技术			
11		202201009	李*梅	女			网络技术			
12		202201010	杨*洋	男			网络技术			
13		202201011	陈*丽	女			软件技术			
14		202201012	赵*霞	女			软件技术			
15		202201013	郑*鸣	男			网络技术			
16		202201014	张*玉	女			应用技术			
17		202201015	龙*丹	女			应用技术			

错误提示
您输入的年龄超出范围！
再次[Enter]确认输入。

图6-19　显示"错误提示"

	A	B	C	D	E	F	G	H	I
1				信息化应用能力大赛选手信息表					
2	序号	参赛号	姓名	性别	年龄	身份证号	所在专业	初赛成绩	联系方式
3		202201001	李*燕	女	20		软件技术		
4		202201002	陈*辉	男	20		软件技术		
5		202201003	郑*娟	女	18		应用技术		
6		202201004	陈*星	男	19		网络技术		
7		202201005	王*桦	男	20		网络技术		
8		202201006	苏*辉	男	18		软件技术		
9		202201007	田*栋	男	18		软件技术		
10		202201008	赵*洋	女	18		软件技术		
11		202201009	李*梅	女	20		网络技术		
12		202201010	杨*洋	男	19		网络技术		
13		202201011	陈*丽	女	19		软件技术		
14		202201012	赵*霞	女	18		软件技术		
15		202201013	郑*鸣	男	19		网络技术		
16		202201014	张*玉	女	18		应用技术		
17		202201015	龙*丹	女	20		应用技术		

图6-20　"年龄"列数据输入完成后的效果

6.2.5　输入身份证号与联系方式

身份证号与联系方式是由数字组成的文本型数据，没有数值的意义，所以在输入数据前，要设置单元格的格式，操作步骤如下。

（1）按住<Ctrl>键，选择不连续的单元格区域 F3:F17、I3:I17，切换到"开始"选项卡，单击"单元格格式：数字"对话框启动器按钮，打开"单元格格式"对话框，在"数字"

微课：输入身份证
号与联系方式

选项卡的"分类"列表框中选择"文本"选项，如图 6-21 所示。

图6-21　选择"分类"为"文本"

（2）单击"确定"按钮，完成所选区域的单元格格式设置。

身份证号有 18 位，数字较多，且输入容易出错，可以使用有效性功能校验已输入的身份证号位数是否为 18 位，操作步骤如下。

（1）选择单元格区域 F3:F17，打开"数据有效性"对话框，设置"允许"为"文本长度"，"数据"为"等于"，"数值"为"18"，如图 6-22 所示，单击"确定"按钮，完成设置。用同样的方法设置联系方式，将"数值"设置为"11"。

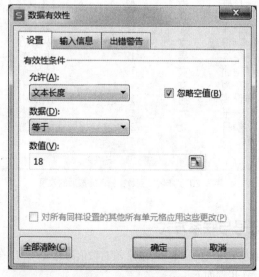

图6-22　限定文本长度

（2）根据图 6-23 所示，输入选手身份证号与联系方式。

序号	参赛号	姓名	性别	年龄	身份证号	所在专业	初赛成绩	联系方式
					信息化应用能力大赛选手信息表			
	202201001	李*燕	女	20	370682********0226	软件技术		167****2345
	202201002	陈*辉	男	20	410322********6121	软件技术		133****2222
	202201003	郑*娟	女	18	141126********001X	应用技术		189****1234
	202201004	陈*星	男	19	130425********0073	网络技术		155****6767
	202201005	王*桦	男	20	370785********3684	网络技术		155****5566
	202201006	苏*辉	男	18	110106********0939	软件技术		133****8787
	202201007	田*栋	男	18	110108********3741	软件技术		198****0987
	202201008	赵*洋	女	18	110221********1621	软件技术		189****2111
	202201009	李*梅	女	20	110226********0014	网络技术		131****2313
	202201010	杨*洋	男	19	130822********1019	网络技术		131****2322
	202201011	陈*丽	女	19	110111********2242	软件技术		137****2345
	202201012	赵*霞	女	18	211282********2425	软件技术		178****2134
	202201013	郑*鸣	男	19	630102********0871	网络技术		134****5678
	202201014	张*玉	女	18	110111********2026	应用技术		180****2345
	202201015	龙*丹	女	20	110103********1517	应用技术		190****2345

图6-23　身份证号与联系方式输入完成后的效果

6.2.6　输入初赛成绩

大赛选手的初赛成绩为数值型数据，且需要保留两位小数，在输入之前需要先设置单元格格式，操作步骤如下。

（1）选择单元格区域H3:H17，打开"单元格格式"对话框，在"数字"选项卡的"分类"列表框中选择"数值"选项，保持其他默认设置不变，如图6-24所示。单击"确定"按钮，完成所选区域的单元格格式设置。

微课：输入初赛成绩

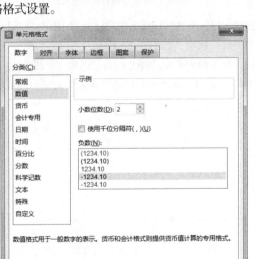

图6-24　设置数值型数据类型

（2）在单元格A3中输入"1"，利用填充句柄以"填充序列"的方式将序号自动填充到单元格A17。

（3）输入每位选手的初赛成绩，效果如图6-25所示。

（4）选中单元格A1，切换到"开始"选项卡，设置文本的字体为"微软雅黑"、字号为"18"、加粗，如图6-26所示。

序号	参赛号	姓名	性别	年龄	身份证号	所在专业	初赛成绩	联系方式
					信息化应用能力大赛选手信息表			
1	202201001	李*燕	女	20	370682*******0226	软件技术	93.80	167****2345
2	202201002	陈*辉	男	20	410322*******6121	软件技术	94.50	133****2222
3	202201003	郑*娟	女	18	141126*******001X	应用技术	98.50	189****1234
4	202201004	陈*星	男	19	130425*******0073	网络技术	92.35	155****6767
5	202201005	王*桦	男	20	370785*******3684	网络技术	95.50	155****5566
6	202201006	苏*辉	男	18	110106*******0939	软件技术	87.85	133****8787
7	202201007	田*栋	男	18	110108*******3741	软件技术	88.85	198****0987
8	202201008	赵*洋	女	18	110221*******1621	软件技术	98.70	189****2111
9	202201009	李*梅	女	20	110226*******0014	网络技术	89.95	131****2313
10	202201010	杨*洋	男	19	130822*******1019	网络技术	99.50	131****2322
11	202201011	陈*丽	女	19	110111*******2242	软件技术	88.95	137****2345
12	202201012	赵*霞	女	18	211282*******2425	软件技术	96.75	178****2134
13	202201013	郑*鸣	男	19	630102*******0871	网络技术	91.55	134****5678
14	202201014	张*玉	女	18	110111*******2026	应用技术	99.85	180****2345
15	202201015	龙*丹	女	20	110103*******1517	应用技术	93.75	190****2345

图6-25　"初赛成绩"列数据输入完成后的效果

序号	参赛号	姓名	性别	年龄	身份证号	所在专业	初赛成绩	联系方式
					信息化应用能力大赛选手信息表			
1	202201001	李*燕	女	20	370682*******0226	软件技术	93.80	167****2345
2	202201002	陈*辉	男	20	410322*******6121	软件技术	94.50	133****2222

图6-26　设置标题行文本的格式

（5）选择单元格区域 A2:I17，设置所选区域文本的字体为"宋体"、字号为"12"，单击"边框"下拉按钮，从下拉列表中选择"所有框线"选项，如图 6-27 所示。

（6）单击"行和列"按钮，从下拉列表中选择"行高"选项，如图 6-28 所示。打开"行高"对话框，在"行高"微调框中输入"18"，如图 6-29 所示。单击"确定"按钮，完成所选区域行高的设置，效果如图 6-1 所示。

图6-27　选择"所有框线"选项

图6-28　选择"行高"选项

图6-29　"行高"对话框

（7）选择"文件"→"另存为"选项，打开"另存文件"对话框，设置文件的保存路径，在"文件名"后输入"信息化应用能力大赛选手信息表"，单击"保存"按钮，如图6-30所示，保存工作簿文件，完成本任务。

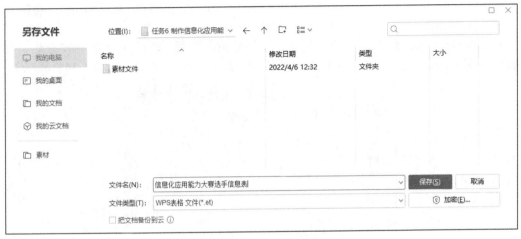

图6-30　"另存文件"对话框

6.3　经验与技巧

下面介绍几个使用 WPS 表格时的经验与技巧。

6.3.1　拒绝输入重复值

在向表格中输入原始数据时，为了防止输入重复值，可以提前进行设置，操作如下。

选择需要设置的数据区域，切换到"数据"选项卡，单击"拒绝录入重复项"按钮，从下拉列表中选择"设置"选项，如图 6-31 所示，打开"拒绝重复输入"对话框，在对话框中保持默认区域不变，如图 6-32 所示。单击"确定"按钮，即可完成拒绝输入重复值的设置。当在设置区域输入重复值时，就会出现图 6-33 所示的提示信息。

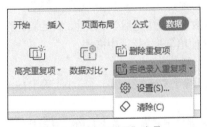

图6-31　选择"设置"选项

图6-32　"拒绝重复输入"对话框

图6-33　"拒绝重复输入"提示信息

6.3.2 快速输入性别

在输入选手信息时，对于"性别"列，如果用"0""1"来代替汉字"男""女"，可使输入的速度大大加快。在格式代码中使用条件判断，可实现根据单元格的内容显示不同的性别，以本任务中的"性别"列为例，进行如下的操作。

（1）选择单元格区域 D3:D17，打开"单元格格式"对话框，选择"数字"选项卡，在"分类"列表框中选择"自定义"选项，在"类型"文本框中输入格式代码"[=1]"男";[=0]"女""，如图 6-34 所示。

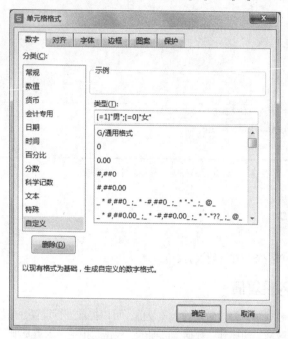

图6-34　自定义格式代码

（2）单击"确定"按钮，返回工作表，在所选单元格区域中输入"0"或"1"，即可实现性别的快速输入。需要注意的是：代码中的符号均为英文状态下的符号。

在 WPS 表格中，对单元格设置格式代码需要注意以下几点。

（1）自定义格式代码中最多有 3 个数字字段，且只能在前两个数字字段中包括 2 个条件，满足某个条件的数字使用相应字段中指定的格式，不满足这 2 个条件的其余数字使用第 3 个字段中格式。

（2）条件要放到方括号中，必须进行简单比较。

（3）可以使用 6 种逻辑符号来设计条件，分别是大于（>）、大于等于（>=）、小于（<）、小于等于（<=）、等于（=）、不等于（<>）。

（4）代码"[=1]"男";[=0]"女""解析：表示若单元格的值为 1，则显示"男"；若单元格的值为 0，则显示"女"。

6.3.3 巧用合并相同单元格功能

WPS 中合并相同单元格功能是指将选定的单元格区域中相邻内容的相同单元格自动合并。下文以素材文件夹中的"合并相同单元格素材.et"为例演示该功能，操作方法如下。

（1）打开素材文件夹中的工作簿文件"合并相同单元格素材.et"。

（2）选择单元格区域 B2:B16，切换到"开始"选项卡，单击"合并居中"下拉按钮，从下拉列表中选择"合并相同单元格"选项，如图 6-35 所示。表格中内容相同的部分很快完成了合并，效果如图 6-36 所示。

图6-35　选择"合并相同单元格"选项

图6-36　合并相同单元格后的效果

"合并内容"选项可以将选定的单元格区域合并为一个单元格，而且单元格中的内容也会合并在一个单元格中，操作方法如下。

选择单元格区域 B2:B16，单击"合并居中"下拉按钮，从下拉列表中选择"合并内容"选项，即可快速实现所选区域单元格内容的合并，效果如图 6-37 所示。

6.4　任务小结

本任务通过制作信息化应用能力大赛选手信息表讲解了 WPS 表格中单元格格式设置、自定义单元格格式、设置数据有效性、设置自定义序列、表格格式化等内容。在实际操作中大家还需要注意以下问题。

（1）单元格中可以存放各种格式的数据，WPS 表格中常见的数据格式有以下几种。

● 常规格式：是不包含特定格式的数据格式，是 WPS 表格中默认的数据格式。

● 数值格式：主要用于一般数字的表示。

● 货币格式：主要用于表示一般货币数据。

● 会计专用格式：可对一列数据进行货币符号和小数点对齐。

● 日期格式：用于设置日期系列数据显示为日期值。

● 时间格式：用于设置时间系列数据显示为日期值。

● 百分比格式：以百分数的形式显示单元格的值。

● 分数格式：以分数的形式显示或键入数据。

● 科学记数格式：以科学计数的显示方式显示数据。

● 文本格式：在文本单元格格式中，数字作为文本处理。

● 特殊格式：可用于跟踪数据列表及数据库的值。

● 自定义格式：以现有格式为基础，生成自定义的数字格式。

（2）当表格中某个单元格中的内容较多，列宽不够时，超出列宽的部分会出现被遮盖的情况，此时把鼠标指针放到最右侧调整列宽的位置上，在鼠标指针变成双向箭头时双击，可以为此列调整为合适的列宽。

图6-37　合并内容后的效果

6.5　拓展练习

启航电子商务有限公司是扶贫网上的一个供应商，为了统计公司员工对特色农产品产品的销售情况，现需要制作一个特色农产品销售业绩表，效果如图6-38所示，具体要求如下。

（1）根据图6-38，新建工作簿文件"特色农产品销售业绩表.et"，将Sheet1工作表重命名为"特色农产品销售业绩表"，并向工作表中添加表格的标题和表头。

（2）根据图6-38，自动填充"序号"列，向"姓名""商品名称""销售地区"列添加文本内容。

（3）设置"工号"列的数据格式为文本格式，自定义工号格式。

（4）添加"金额"列数据，并根据图6-38设置数据格式，保留两位小数，设置千位分隔符。

（5）向"日期"列添加数据，并设置日期格式。

（6）设置"销售方式"列数据采用序列选择方式，序列来源为"线上"和"线下"。

（7）设置标题行合并居中，标题行文本字体为"微软雅黑"、字号为"20"。设置表格内容文本字体为"仿宋"、字号为"12"、对齐方式为"居中"。

（8）为表格添加边框和底纹，适当调整表格的行高和列宽。

（9）为表格添加素材背景图片。

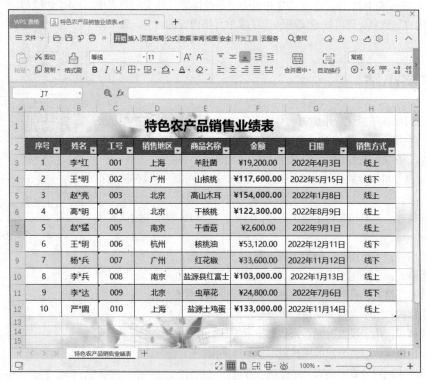

图6-38　特色农产品销售业绩表效果

任务 7

大学生新创企业社保情况统计

7.1 任务简介

通过展示任务的要求与效果，分析学生需要完成的学习目标。

7.1.1 任务要求与效果展示

陈岩是一名自主创业的大学生，创办了一家专注于信息化资源开发、三维模型仿真搭建、智慧教室建设、虚拟现实开发的企业。为了统计员工每年的各项基本社会保险（简称社保）费用，现在他要求秘书对公司员工的基本情况、本年度的员工社保情况进行统计，要求如下。

（1）对员工的身份证号进行检验。

（2）根据检验结果完善员工档案信息。

（3）统计员工的年龄及工龄工资。

（4）统计员工的各种保险费用。

根据以上要求，秘书利用 WPS 表格中的公式和常用函数完成了统计工作，效果如图7-1所示。

员工编号	姓名	工资总额	社保基数	养老公司负担	养老个人负担	失业公司负担	失业个人负担	工伤公司负担	工伤个人负担	生育公司负担	生育个人负担	医疗公司负担	医疗个人负担
AF001	棵*红	￥4,823.00	￥4,823.00	￥916.37	￥385.84	￥38.58	￥9.65	￥9.65	￥0.00	￥38.58	￥0.00	￥482.30	￥99.46
AF002	汤*和	￥4,765.00	￥4,765.00	￥905.35	￥381.20	￥38.12	￥9.53	￥9.53	￥0.00	￥38.12	￥0.00	￥476.50	￥98.30
AF003	李*秀	￥8,333.00	￥8,333.00	￥1,583.27	￥666.64	￥66.66	￥16.67	￥16.67	￥0.00	￥66.66	￥0.00	￥833.30	￥169.66
AF004	张*洋	￥5,031.00	￥5,031.00	￥955.89	￥402.48	￥40.25	￥10.06	￥10.06	￥0.00	￥40.25	￥0.00	￥503.10	￥103.62
AF005	史*福	￥16,340.00	￥16,340.00	￥3,104.60	￥1,307.20	￥130.72	￥32.68	￥32.68	￥0.00	￥130.72	￥0.00	￥1,634.00	￥329.80
AF006	戴*容	￥4,549.00	￥4,549.00	￥864.31	￥363.92	￥36.39	￥9.10	￥9.10	￥0.00	￥36.39	￥0.00	￥454.90	￥93.98
AF007	龙*银	￥5,580.00	￥5,580.00	￥1,060.20	￥446.40	￥44.64	￥11.16	￥11.16	￥0.00	￥44.64	￥0.00	￥558.00	￥114.60
AF008	陆*英	￥12,091.00	￥12,091.00	￥2,297.29	￥967.28	￥96.73	￥24.18	￥24.18	￥0.00	￥96.73	￥0.00	￥1,209.10	￥244.82
AF009	安*天	￥6,769.00	￥6,769.00	￥1,286.11	￥541.52	￥54.15	￥13.54	￥13.54	￥0.00	￥54.15	￥0.00	￥676.90	￥138.38
AF010	沈*平	￥9,389.00	￥9,389.00	￥1,783.91	￥751.12	￥75.11	￥18.78	￥18.78	￥0.00	￥75.11	￥0.00	￥938.90	￥190.78
AF011	华*基	￥9,280.00	￥9,280.00	￥1,763.20	￥742.40	￥74.24	￥18.56	￥18.56	￥0.00	￥74.24	￥0.00	￥928.00	￥188.60
AF012	司*铮	￥10,328.00	￥10,328.00	￥1,962.32	￥826.24	￥82.62	￥20.66	￥20.66	￥0.00	￥82.62	￥0.00	￥1,032.80	￥209.56

图7-1 员工社保情况统计效果

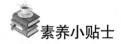

素养小贴士

大学生创业

大学生创业是指一种以在校大学生和毕业大学生等特殊群体为创业主体的创业过程。随着近期我国不断推进转型进程以及社会就业压力的不断加剧，创业逐渐成为在校大学生和毕业大学生的一种职业选择方式。

7.1.2　任务目标

本任务涉及的知识点主要有：公式的使用、单元格的相对引用和绝对引用、常见函数的使用、函数的嵌套等。

知识目标：

➢ 了解 WPS 表格中公式的作用；
➢ 了解 WPS 表格中函数的作用。

技能目标：

➢ 掌握 WPS 表格中公式的输入与编辑；
➢ 掌握单元格的相对引用与绝对引用；
➢ 掌握 IF、VLOOKUP、MID、TEXT、INT、MOD、SUMPRODUCT 等常见函数。

素养目标：

➢ 加强创新创业意识；
➢ 加强勇于创新、敬业乐业的工作作风与质量意识。

7.2　任务实现

在本任务中将充分发挥 WPS 表格中数据调用的作用与公式和函数的作用。

7.2.1　校对员工身份证号

员工的身份证号由 18 位数字组成，由于数字较多，输入时难免会出现遗漏或错误，为保证所输入身份证号的正确性，需要进行校对。

微课：校对员工身份证号

身份证号的校对规则是将身份证号的前 17 位数字分别与对应系数相乘，将乘积之和除以 11，所得余数即计算出的检验码。将原身份证号的第 18 位与计算出的检验码进行对比，相符时说明输入的身份证号是正确的，不符时说明输入的身份证号有误。根据此规则，需要先对员工的身份证号进行拆分，之后按照校对规则进行检验，突出显示校对后的错误结果。

在此操作中，需要用到 COLUMN、MID、TEXT、MOD、SUMPRODUCT、IF 函数，这些函数的功能与语法说明如下。

（1）COLUMN 函数功能：返回所选择的某一个单元格的列号。

语法格式：COLUMN(reference)。

参数说明：reference 为可选参数，如果省略，则默认返回函数 COLUMN 所在单元格的列号。

（2）MID 函数功能：从一个文本字符串的指定位置开始，截取指定数目的字符。

语法格式：MID(text,start_num,num_chars)。

参数说明：text 表示一个文本字符串；start_num 表示指定的起始位置；num_chars 表示要截取的字符数目。

（3）TEXT 函数功能：将指定的数值转换为用指定数字格式表示的文本。

语法格式：TEXT(value, format_text)。

参数说明：value 表示需要转换的值；format_text 表示需要转换的文本格式。

（4）MOD 函数功能：返回两个数相除的余数。

语法格式：MOD (number,divisor)。

参数说明：number 表示被除数；divisor 表示除数。

（5）SUMPRODUCT 函数功能：在给定的几个数组中，将数组间对应的元素相乘，并返回乘积之和。

语法格式：SUMPRODUCT(array1, [array2], [array3], ...)。

参数说明：array1 为必选参数，其元素是需要进行相乘并求和的第一个数组；[array2], [array3], ...为可选参数，为 2 到 255 个数组参数，其相应元素需要进行相乘求和。此处需要注意，数组参数必须具有相同的维数，否则，函数 SUMPRODUCT 将返回错误值 #VALUE!。

（6）IF 函数的功能：是条件判断函数，如果指定条件的计算结果为 TRUE，IF 函数将返回某个值；如果该条件的计算结果为 FALSE，则返回另一个值。

语法格式：IF(logical_test,value_if_true,value_if_false)。

参数说明：logical_test 表示计算结果为 TRUE 或 FALSE 的任意值或表达式；value_if_true 表示 logical_test 为 TRUE 时返回的值；value_if_false 表示 logical_test 为 FALSE 时返回的值。

了解了所需要的函数，就可以利用这些函数进行身份证号的校对了，操作思路如下。

（1）利用 COLUMN 函数获得当前单元格所在的列号，通过减 3 使其与身份证号的每一位的位置相对应，使这个对应位置的值作为 MID 函数的截取起始位置的参数，从而得到分离的身份证号。

（2）身份证号被分离出来之后，使用 SUMPRODUCT 函数使之与"校对参数"表中的校对系数相乘并得到乘积之和，利用 MOD 函数将 SUMPRODUCT 函数的结果与 11 相除并取余数，利用 VLOOKUP 函数在"校对参数"表中查找 MOD 函数的结果所对应的检验码，并用 TEXT 函数进行格式限定。

（3）将得到的检验码与身份证号的第 18 位号码进行比对，利用 IF 函数判断校验结果是否正确。

具体操作如下。

（1）打开素材中的工作簿文件"员工社保统计表.et"，切换到"身份证号校对"表。

（2）选择单元格 D3，在其中输入公式"=MID($C3,COLUMN(D2)-3,1)"，输入完成后，按<Enter>键，即可在单元格 D3 中显示出员工编号为"AF001"的员工的身份证号的第 1 位数字。再次选择单元格 D3，向右拖曳填充句柄将公式填充到单元格 U3，然后双击单元格 U3 的填充句柄，向下自动填充公式到 U28 单元格。效果如图 7-2 所示。

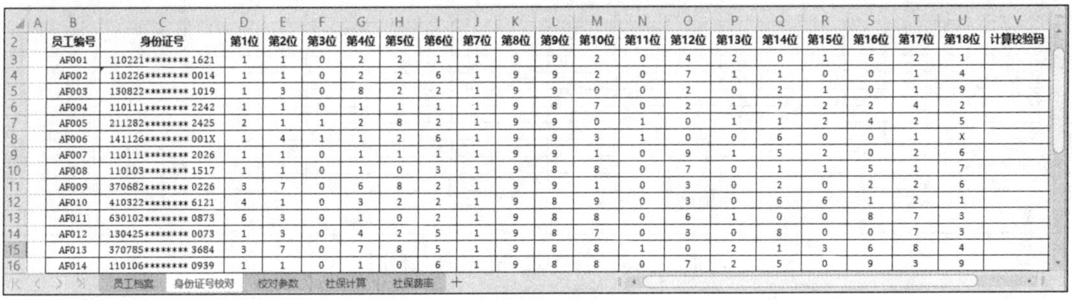

图7-2　身份证号分离后的效果（部分）

（3）选择单元格 V3，在其中输入公式"=TEXT(VLOOKUP(MOD(SUMPRODUCT(D3:T3* 校对参数!$E$5:$U$5),11),校对参数!$B$5:$C$15,2,0),"@")"，按<Enter>键结束输入，利用填充句柄将公式填充到 V28 单元格。

（4）选择单元格 W3，并在其中输入公式"=IF(U3=V3,"正确","错误")"，按<Enter>键结束输入，利用填充句柄将公式填充到 W28 单元格。

（5）为了突出显示"错误"的校验结果，可以利用条件格式设置其字体颜色。使单元格区域 W3:W28 处于选中的状态，切换到"开始"选项卡，单击"条件格式"按钮，在下拉列表中选择"新建规则"选项，打开"新建格式规则"对话框，在"选择规则类型"列表框中选择"使用公式确定要设置格式的单元格"选项，在"只为满足以下条件的单元格设置格式"，如图 7-3 所示文本框中输入公式"=IF($W3="错误",TRUE,FALSE)"。

单击"格式"按钮，打开"单元格格式"对话框，在"字体"选项卡中设置"颜色"为"标准色"中的"红色"，在"字形"列表框中选择"加粗 倾斜"选项，如图 7-4 所示。单击"确定"按钮，返回"新建格式规则"对话框，再单击"确定"按钮，返回文档中，完成条件格式的设置。身份证号校验后的效果如图 7-5 所示。

图7-3 "新建格式规则"对话框

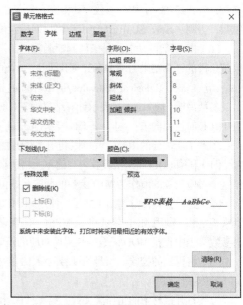

图7-4 "单元格格式"对话框

	C	D	E	F	G	H	I	J	K	L	M	N	O	P	Q	R	S	T	U	V	W
2	份证号	第1位	第2位	第3位	第4位	第5位	第6位	第7位	第8位	第9位	第10位	第11位	第12位	第13位	第14位	第15位	第16位	第17位	第18位	计算校验码	校验结果
3	9204201621	1	1	0	2	2	1	1	9	9	2	0	4	2	0	1	6	2	1	1	正确
4	9207110014	1	2	2	6	1	9	9	0	0	7	1	1	0	0	1	4	4	正确
5	9002021019	1	3	0	8	2	2	1	9	9	0	0	2	0	2	1	0	1	9	9	正确
6	8702172242	1	1	0	1	1	1	1	9	8	7	0	2	1	7	2	2	4	2	2	正确
7	9010112425	2	1	1	2	8	2	1	9	9	0	1	0	1	1	2	4	2	5	5	正确
8	931006001X	1	4	1	1	2	1	1	9	9	3	1	0	0	6	0	0	1	X	X	正确
9	9109152026	1	1	0	1	1	1	1	9	9	1	0	9	1	5	2	0	2	6	6	正确
10	8807011517	1	1	0	3	1	9	8	8	0	7	0	1	1	5	1	7	7	正确
11	9103020226	3	7	0	6	8	2	1	9	9	1	0	3	0	2	2	1	6	6	正确
12	8903066121	1	3	0	6	6	1	9	9	0	3	0	6	0	8	7	1	1	1	正确
13	8806100873	6	3	0	1	0	6	1	9	8	8	0	0	0	8	7	3	5	5	错误
14	8703080073	1	3	0	2	2	5	1	9	8	7	0	3	0	8	0	0	3	3	正确
15	8810213684	1	3	0	7	8	1	1	9	8	8	1	0	2	1	3	6	8	4	4	正确
16	8807250939	1	1	0	7	2	6	1	9	8	8	0	7	2	5	0	9	3	9	9	正确

员工档案 身份证号校对 校对参数 社保计算 社保费率 +

图7-5 身份证号校验后的效果（部分）

7.2.2 完善员工档案信息

微课：完善员工
档案信息

员工的身份证号中包含员工的性别、出生日期等信息，所以在"员工档案"表中输入正确的身份证号很重要。身份证号校验完成后，对于正确的身份证号，直接将其输入"员工档案"表即可；对于错误的身份证号，假设所有错误的号码都是由于最后一位检验码输错导致的，我们将错误号码的前 17 位与正确的检验码连接，即可输入正确的身份证号。

此处需要使用 IF、VLOOKUP、MID 函数的嵌套。通过 VLOOKUP 函数在"身份证号校对"表中查找"员工档案"表员工编号对应的检验结果，如果"正确"，则直接将其所对应的身份证号导入"员工档案"的"身份证号"列中；如果"错误"，利用 MID 函数截取其身份证号的前 17 位之后连接正确的检验码，将此结果导入"员工档案"的"身份证号"列中。

具体操作如下。

（1）切换到"员工档案"表，选择单元格区域 C3:C28，切换到"开始"选项卡，单击"数字格式"下拉按钮，从下拉列表中选择"常规"选项，如图 7-6 所示，完成选中区域的格式设置。

图7-6　设置数字格式

（2）选择单元格 C3，在其中输入公式"=IF(VLOOKUP(A3,身份证号校对!\$B\$3: \$W\$28,22,0)="错误",MID(VLOOKUP(A3,身份证号校对!\$B\$3:\$W\$28,2,0),1,17)&VLOOKUP(A3,身份证号校对!\$B\$3:\$W\$28,21,0),VLOOKUP(A3,身份证号校对!\$B\$3:\$W\$28,2,0))"，输入完成后，按<Enter>键完成身份证号的输入。

（3）利用填充句柄填充公式到 C28 单元格，完成员工身份证号的输入。

在由 18 位数字组成的身份证号中，第 17 位是用于判断性别的，奇数代表男性，偶数代表女性。可以利用 MID 函数将第 17 位数字提取出来，然后利用 MOD 函数取第 17 位数字除以 2 的余数，如果余数为 0，则第 17 位是偶数，也就是说该身份证号代表人物的性别是女，反之，则说明身份证号代表人物的别为男，具体操作如下。

（1）选择单元格 D3，并在其中输入公式"=IF(MOD(MID(C3,17,1),2),"男","女")"，输入完成后，按<Enter>键即可在 D3 单元格中显示出性别。

（2）再次选择单元格 D3，利用填充句柄填充公式到 D28 单元格，完成"性别"列的填充。

在由 18 位数字组成的身份证号中，第 7 至 14 位是出生日期，可以利用 MID 函数提取年、月、日数字，然后利用 DATE 函数进行格式转换。

DATE 函数功能：返回代表特定日期的序列号。

语法格式：DATE(year,month,day)。

参数说明：year 是 1 至 4 位数字，代表年份；month 代表每年中的月份；day 代表在该月份中的第几天。了解了所需要的函数，具体操作如下。

（1）选择单元格 E3，并在其中输入公式"=DATE(MID(C3,7,4),MID(C3,11,2),MID(C3,13,2))"，输入完成后，按<Enter>键即可在 E3 单元格中显示出获取的出生日期。

（2）再次选择单元格 E3，利用填充句柄填充公式到 E28 单元格，完成"出生日期"列的数据计算。

统计了员工的出生日期以后，计算每位员工截至 2022 年 12 月 31 日的年龄，每满一年才计算一岁，一年按 365 天计算。可以利用 DATE 函数将 2022 年 12 月 31 日转换成日期型数据，将其与出生日期做减法，将得到的结果除以 365，再用 INT 函数取整。

INT 函数功能：将数值向下取整为最接近的整数。

语法格式：INT(number)

参数说明：number 是需要进行向下取整的实数。

了解了所需要的函数，具体操作如下。

（1）选择单元格 F3，并在其中输入公式"=INT((DATE(2022,12,31)–E3)/365)"，输入完成后，按<Enter>键即可在 F3 单元格中显示出第一位员工的年龄。

（2）向下拖曳填充句柄填充公式至 F28 单元格。统计性别、出生日期、年龄后的效果如图 7-7 所示。

员工编号	姓名	身份证号	性别	出生日期	年龄
AF001	桃*红	110221********1621	女	1992年4月20日	30
AF002	汤*和	110226********0014	男	1992年7月11日	30
AF003	李*秀	130822********1019	男	1990年2月2日	32
AF004	张*洋	110111********2242	女	1987年2月17日	35
AF005	史*涯	211282********2425	女	1990年10月11日	32
AF006	威*容	141126********001X	男	1993年10月6日	29
AF007	龙*骏	110111********2026	男	1991年9月15日	31
AF008	陆*英	110103********1517	男	1988年7月1日	34
AF009	安*天	370682********0226	女	1991年3月2日	31
AF010	沈*平	410322********6121	女	1989年3月6日	33
AF011	华*基	630102********0871	男	1988年6月10日	34
AF012	司*钟	130425********0073	男	1987年3月8日	35
AF013	王*扬	370785********3684	女	1988年10月21日	34
AF014	陆*凤	110106********0939	男	1988年7月25日	34
AF015	东*明	110108********3741	女	1988年11月6日	34
AF016	史*耀	110103********0615	男	1989年3月27日	33
AF017	钟*娘	110105********4517	男	1990年10月5日	32
AF018	宁*则	110104********1727	女	1987年10月26日	35
AF019	安*馨	342222********1236	男	1990年1月6日	33
AF020	石*清	410223********5563	女	1987年8月16日	35
AF021	王*琪	341227********7018	男	1988年12月13日	34
AF022	于*谦	110108********3724	女	1989年8月1日	33
AF023	平*威	110102********0456	男	1989年5月24日	33
AF024	平*先	110106********487X	男	1989年5月17日	33
AF025	刘*生	110224********4811	男	1990年10月23日	32
AF026	沙*天	110227********0059	男	1989年9月4日	33

员工档案　身份证

图7-7　统计性别、出生日期、年龄后的效果

7.2.3　计算员工工资总额

微课：计算员工工资总额

员工的工资总额由工龄工资、签约工资、上年月均资金 3 部分组成。员工的工龄工资由员工在本公司工龄乘 50 得到，员工的工龄以员工入职时间计算，不足半年的按半年计、超过半年的按一年计，一年按 365 天计算，计算结果需要保留一位小数。可以利用 DATE 函数将 2022 年 12 月 31 日转换成日期型数据，将其与入职时间做减法，将得到的结果除以 365，再用 CEILING 函数四舍五入。

CEILING 函数功能：将参数 number 向上舍入（沿绝对值增大的方向）为最接近的 significance 的倍数。

语法格式：CEILING(number, significance)。

参数说明：number 为必需参数，表示要舍入的值；significance 为必需参数，表示要舍入到的倍数。

了解了所需要的函数，具体操作如下。

（1）选中 K3 单元格，并在其中输入公式"=CEILING((DATE(2022,12,31)–J3)/365,0.5)"，输入完成后，按<Enter>键即可在 K3 单元格中显示出第一位员工的工龄。

（2）利用填充句柄填充公式至单元格 K28，计算出所有员工的工龄。

（3）选择单元格 M3，并在其中输入公式"=K3*50"，按<Enter>键确认输入，并利用填充句柄填充公式到 M28 单元格。

（4）选择单元格 O3，并在其中输入公式"=SUM(L3:N3)"，按<Enter>键确认输入，并利用填充句柄填充公式到 O28 单元格。工资总额计算完成后的效果（部分）如图 7-8 所示。

	A	B	C	D	E	F	G	H	I	J	K	L	M	N	O
2	员工编号	姓名	身份证号	性别	出生日期	年龄	部门	职务	学历	入职时间	本公司工龄	签约工资	工龄工资	上年月均奖金	工资总额
3	AF001	桃*红	110221********1621	女	1992年4月20日	30	市场	员工	本科	2019年9月7日	3.5	4,300.00	175.00	348.00	4,823.00
4	AF002	汤*知	110226********0014	男	1992年7月11日	30	售后	员工	大专	2018年9月9日	4.5	4,200.00	225.00	340.00	4,765.00
5	AF003	李*秀	130822********1019	男	1990年2月2日	32	研发	员工	硕士	2018年8月3日	4.5	7,500.00	225.00	608.00	8,333.00
6	AF004	张*洋	110111********2242	女	1987年2月17日	35	财务	员工	大专	2017年9月26日	5.5	4,400.00	275.00	356.00	5,031.00
7	AF005	史*瑶	211282********2425	女	1990年10月11日	32	技术	项目经理	博士	2020年9月7日	2.5	15,000.00	125.00	1,215.00	16,340.00
8	AF006	戚*睿	141126********001X	男	1993年10月6日	29	财务	员工	大专	2018年9月8日	4.5	4,000.00	225.00	324.00	4,549.00
9	AF007	龙*骏	110111********2026	女	1991年9月15日	31	财务	员工	本科	2019年9月5日	3.5	5,000.00	175.00	405.00	5,580.00
10	AF008	陆*英	110103********1517	男	1988年7月1日	34	研发	项目经理	博士	2019年2月19日	4	11,000.00	200.00	891.00	12,091.00
11	AF009	安*天	370682********0226	女	1991年3月2日	31	研发	员工	本科	2019年3月3日	3.5	6,100.00	175.00	494.00	6,769.00
12	AF010	沈*平	410322********6121	女	1989年3月1日	33	研发	员工	硕士	2019年3月1日	4	8,500.00	200.00	689.00	9,389.00
13	AF011	华*基	630102********0871	男	1988年6月10日	34	研发	员工	硕士	2019年5月19日	4	8,400.00	200.00	680.00	9,280.00
14	AF012	司*钟	130425********0073	男	1987年3月8日	35	研发	员工	博士	2017年8月28日	5.5	9,300.00	275.00	753.00	10,328.00
15	AF013	王*扬	370785********3684	女	1988年10月21日	34	研发	员工	大专	2019年3月21日	4	4,300.00	200.00	348.00	4,848.00

员工档案　身份证号校对　校对参数　社保计算　社保费率

90%

图7-8　工资总额计算完成后的效果（部分）

7.2.4　计算员工社保

本市上年职工平均月工资为 7086 元，社保基数最低为人均月工资 7086 元的 60%，最高为人均月工资 7086 元的 3 倍。当工资总额小于最低基数时，社保基数为最低基数；当工资总额大于最高基数时，社保基数为最高基数；当工资总额在最低基数与最高基数之间时，社保基数为工资总额。利用 IF 函数即可实现计算员工社保，具体操作如下。

微课：计算员工社保

（1）切换到"员工档案"表，使用<Ctrl>键，选择"员工编号""姓名""工资总额"3 列数据（注意选择时不包含列标题），按<Ctrl+C>组合键进行复制。

（2）切换到"社保计算"表，选择单元格 B4，单击鼠标右键，从弹出的快捷菜单中选择"粘贴为数值"命令，如图 7-9 所示。

复制(C)	Ctrl+C	
剪切(T)	Ctrl+X	
粘贴(P)	Ctrl+V	
粘贴为数值(V)	Ctrl+Shift+V	
选择性粘贴(S)	▶	
插入(I)	▶	
删除(D)	▶	
清除内容(N)		
筛选(L)	▶	
排序(U)	▶	
插入批注(M)	Shift+F2	
设置单元格格式(F)...	Ctrl+1	
从下拉列表中选择(K)...		
超链接(H)...	Ctrl+K	
定义名称(A)...		

图7-9　选择"粘贴为数值"命令

（3）选择单元格 E4，并在其中输入公式"=IF(D4<7086*60%,7086*60%,IF(D4>7086*3, 7086*3,D4))"，按<Enter>键确认输入，利用填充句柄填充公式到单元格 E28。

（4）由于每位员工每个险种的应缴社保费等于个人的社保基数乘相应的险种费率，所以选择单元格 F4，并在其中输入公式"=E4*社保费率!$B$4"，按<Enter>键确认输入，利用填充句柄填充公式到单元格 F28。

（5）选择单元格 G4，并在其中输入公式"=E4*社保费率!$C$4"，按<Enter>键确认输入，利用填充句柄填充公式到单元格 G28。

（6）选择单元格 H4，并在其中输入公式"=E4*社保费率!$B$5"，按<Enter>键确认输入，利用填充句柄填充公式到单元格 H28。

（7）选择单元格 I4，并在其中输入公式"=E4*社保费率!$C$5"，按<Enter>键确认输入，利用填充句柄填充公式到单元格 I28。

（8）选择单元格 J4，并在其中输入公式"=E4*社保费率!$B$6"，按<Enter>键确认输入，利用填充句柄填充公式到单元格 J28。

（9）选择单元格 K4，并在其中输入公式"=E4*社保费率!$C$6"，按<Enter>键确认输入，利用填充句柄填充公式到单元格 K28。

（10）选择单元格 L4，并在其中输入公式"=E4*社保费率!$B$7"，按<Enter>键确认输入，利用填充句柄填充公式到单元格 L28。

（11）选择单元格 M4，并在其中输入公式"=E4*社保费率!$C$7"，按<Enter>键确认输入，利用填充句柄填充公式到单元格 M28。

（12）选择单元格 N4，并在其中输入公式"=E4*社保费率!$B$8"，按<Enter>键确认输入，利用填充句柄填充公式到单元格 N28。

（13）由于医疗个人负担中还有个人额外费用一项，所以在单元格 O4 中输入公式"=E4*社保费率!$C$8+社保费率!$D$8"，按<Enter>键确认输入，利用填充句柄填充公式到单元格 O28。

（14）选中表格中所有的金额数据，即单元格区域 D4:O28，打开"单元格格式"对话框，在"数字"选项卡的"分类"列表框中选择"货币"选项，设置"小数位数"为"2"，设置"货币符号"为"¥"，如图 7-10 所示。单击"确定"按钮，完成所选区域的单元格格式设置。

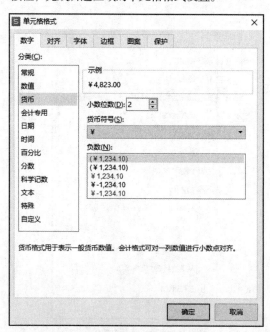

图7-10　设置"货币"格式

（15）单击"保存"按钮，保存工作簿文件，完成任务。

7.3　经验与技巧

下面介绍几个使用 WPS 表格时的经验与技巧。

7.3.1　数据核对

在日常工作中我们经常会遇到对两个表中的数据进行核对以找出两个表格中数据差异的情况，利用"标记重复数据"的方法，可以快速实现，操作如下。

（1）打开素材文件夹中的工作簿文件"数据核对.et"，切换到"数据"选项卡，单击"数据对比"按钮，在其下拉列表中选择"标记重复数据"选项，如图 7-11 所示。打开"标记两区域中重复数据"对话框。

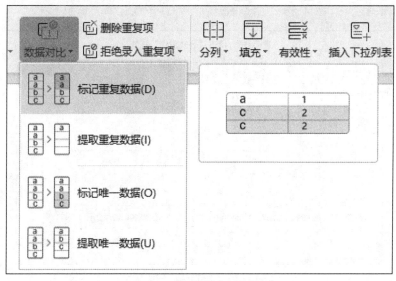

图7-11　"数据对比"下拉列表

（2）在该对话框中设置"区域 1"和"区域 2"的单元格区域，并设置标记颜色，如图 7-12 所示。单击"确认标记"按钮，即可实现重复项的标记。

图7-12　"标记两区域中重复数据"对话框

7.3.2　使用公式求值分步检查

当对公式计算结果产生怀疑，想查看指定单元格中公式的计算过程与结果时，可利用WPS表格的公式求值功能，使用该功能可大大提高检查公式的效率。以本任务中的"员工档案"表为例，进行如下的操作。

（1）打开"员工社保统计表"工作簿，选择"员工档案"表，选择单元格E3。

（2）切换到"公式"选项卡，单击"公式求值"按钮，如图7-13所示，打开"公式求值"对话框，如图7-14所示。

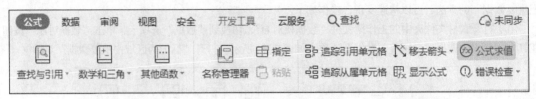

图7-13　单击"公式求值"按钮

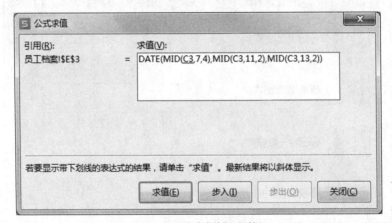

图7-14　"公式求值"对话框

（3）单击"求值"按钮，可看到"MID(C3,7,4)"的值，如图7-15所示。

图7-15　MID函数求值结果

（4）继续单击"求值"按钮，最后可在对话框中看到公式计算的结果，如图7-16所示。单击"重新启动"按钮，可重新进行分步计算。最后单击"关闭"按钮，关闭对话框返回文档中，完成公式的检查。

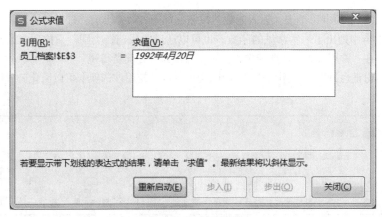

图7-16　公式最后结果

7.3.3　识别函数公式中的常见错误

在表格中输入公式或函数后，其运算结果有时会显示为错误的值，要纠正这些错误值，必须先了解出现错误的原因。常见的错误值有以下几种。

● ####错误：出现该错误值的常见原因是单元格列宽不够，无法完全显示单元格中的内容或单元格中包含负的日期和时间值，解决方法是调整单元格列宽或应用正确的数字格式，保证日期与时间公式的准确性。

● #VALUE!错误：当使用的参数或操作数值类型错误，以及公式自动更正功能无法更正公式时都会出现该错误值。解决方法是确保公式或函数所需的运算符和参数正确，并确保公式引用的单元格中为有效数值。

● #NULL!错误：当指定两个不相交的区域的交集时，将出现该错误值，原因是使用了不正确的区域运算符，或者是所引用单元格区域的交集为空。解决方法是要改正区域运算符或更改引用区域，使之相交。

● #N/A 错误：当公式中没有可用数值，以及 HLOOPUP、LOOPUP、MATCH 或 VLOOKUP 工作表函数的 lookup_value 参数不能赋予适当的值时，将产生该错误值。遇到此情况时可在单元格中输入"#N/A"，公式在引用这类单元格时将不进行数值计算，而是返回#N/A 或检查 lookup_value 参数的类型是否正确。

● #REF!错误：当单元格引用无效时就会产生该错误值，原因是删除了其他公式所引用的单元格，或将已移动的单元格粘贴到其他公式所引用单元格中。解决方法是更改公式，或在删除和粘贴单元格后恢复工作表中的单元格。

7.4　任务小结

本任务通过对员工社保情况的统计分析讲解了 WPS 表格中公式和函数的使用、单元格的引用、函数嵌套使用等内容。在实际操作中大家还需要注意以下问题。

（1）公式是在工作表中对数据进行分析与计算的等式，有助于分析工作表中的数据。使用公式可以对工作表中的数值进行加、减、乘、除等运算。公式可以包括以下的任何元素：运算符、单元格引用位置、数值、工作表函数以及名称。在 WPS 表格中，以等号"="开头的数据被系统判定为公式。在输入公式时，可以使用鼠标直接选中参与计算的单元格，从而提高输入公式的效率。如要删除公式中的某些项，可以在编辑栏中用鼠标选定要删除的部分，然后按<Delete>键；如果要替换公式中的某些部分，则可以先选定被替换的部分，然后进行修改。

（2）在 WPS 表格中插入函数公式，除了可以使用直接输入的方法外，还可以通过"插入函数"对话框实现，操作如下。

切换到"公式"选项卡，单击"插入函数"按钮，如图 7-17 所示。打开"插入函数"对话框，在"全部函数"选项卡中列出了一些常见的函数，也可以通过"或选择类别"下拉列表选择相应的函数，如图 7-18 所示。在"常用公式"选项卡中，提供了"个人年终奖所得税""计算个人所得税""提取身份证生日""提取身份证性别"等常用公式，如图 7-19 所示，使用该选项卡可以简化公式操作，轻松完成复杂计算。

图7-17　单击"插入函数"按钮

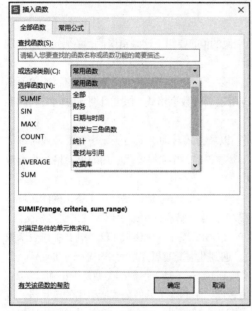

图7-18　"全部函数"选项卡

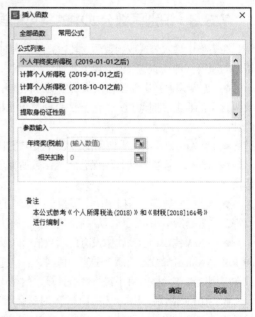

图7-19　"常用公式"选项卡

（3）常见函数举例。

● VLOOKUP：一般格式是 VLOOKUP(要查找的值,查找区域,数值所在行,匹配方式)，功能是按列查找，最终返回该列所需查询列序所对应的值。其中"匹配方式"是一个逻辑值，如果为 TRUE 或 1，函数将查找近似匹配值，如果为 FALSE 或 0，则返回精确匹配值。

● HLOOKUP：一般格式是 HLOOKUP(要查找的值,查找区域,数值所在列,匹配方式)，功能是按行查找，最终返回该行所需查询行序所对应的值。其中"匹配方式"是一个逻辑值，如果为 TRUE 或 1，函数将查找近似匹配值，如果为 FALSE 或 0，则返回精确匹配值。

文本函数如下。

● LEFT：一般格式是 LEFT(文本,截取长度)，功能是从文本的开始返回指定长度的子串。

● RIGHT：一般格式是 RIGHT(文本,截取长度)，功能是从文本的尾部返回指定长度的子串。

● MID：一般格式是 MID(文本,起始位置,截取长度)，功能是从文本的指定位置返回指定长度的子串。

● LEN：一般格式是 LEN(文本)，功能是统计字符串中的字符个数。

日期与时间函数如下。

● TODAY：一般格式是 TODAY( )，功能是显示当前的日期，没有参数。

● NOW：一般格式是 NOW( )，功能是返回当前的日期和时间，没有参数。

● YEAR：一般格式是 YEAR(serial_number)，功能是返回某日期对应的年份。serial_number 是必须的参数，代表指定的日期或引用含有日期的单元格，其中包含需要查找年份的日期。

● MONTH：一般格式是 MONTH(serial_number)，serial_number 是必须的参数，代表指定的日期或引用含有日期的单元格，功能是返回某日期对应的月份值。

● DAY：一般格式是 DAY(serial_number)，serial_number 是必须的参数，代表指定的日期或引用含有日期的单元格，功能是返回某日期对应当月的天数。

WEEKDAY：一般格式是 WEEKDAY(serial_number，return_type)，功能是返回某日为星期几。serial_number 是必须的参数，代表指定的日期或引用的含有日期的单元格；return_type 为可选参数，表示返回值类型，其值为 1 或省略时，返回数字 1（星期日）到数字 7（星期六）；其值为 2 时，返回数字 1（星期一）到数字 7（星期日）；其值为 3 时，返回数字 0（星期一）到数字 6（星期日）。

7.5　拓展练习

王睿是某家居产品销售电商的管理人员，于 2022 年年初随机抽取了 100 名注册会员，准备使用 WPS 表格分析他们上一年度的消费情况（效果见图 7-20、图 7-21），请根据素材文件夹中的“2022 年度百名会员消费情况统计.et”进行操作，具体要求如下。

顾客编号	性别	生日	年龄	年龄段	年消费金额
C00001	男	71年11月16日	48	45-49岁	¥16,708
C00002	女	76年6月29日	43	40-44岁	¥18,998
C00003	女	76年6月6日	43	40-44岁	¥31,814
C00004	男	74年10月4日	45	45-49岁	¥40,282
C00005	女	64年12月18日	55	55-59岁	¥20,600
C00006	男	67年8月20日	52	50-54岁	¥14,648
C00007	女	90年2月26日	29	30岁以下	¥14,420
C00008	男	90年10月28日	29	30岁以下	¥18,998
C00009	男	66年12月10日	53	50-54岁	¥38,223
C00010	男	74年3月26日	45	45-49岁	¥41,428
C00011	女	74年7月27日	45	45-49岁	¥17,623
C00012	男	48年11月29日	71	70-74岁	¥91,781
C00013	男	52年1月7日	67	65-69岁	¥24,948
C00014	女	49年10月2日	70	70-74岁	¥48,980
C00015	男	54年9月1日	65	65-69岁	¥68,206
C00016	女	54年8月6日	65	65-69岁	¥23,116
C00017	男	66年4月9日	53	50-54岁	¥19,913
C00018	女	72年8月17日	47	45-49岁	¥26,779
C00019	男	46年9月8日	73	70-74岁	¥23,575
C00020	女	78年7月30日	41	40-44岁	¥31,358
C00021	女	77年7月25日	42	40-44岁	¥32,730
C00022	男	76年4月12日	43	40-44岁	¥19,684
C00023	女	76年4月11日	43	40-44岁	¥16,022
C00024	男	75年7月26日	44	40-44岁	¥39,140

年龄	年龄段
0	30岁以下
30	30-34岁
35	35-39岁
40	40-44岁
45	45-49岁
50	50-54岁
55	55-59岁
60	60-64岁
65	65-69岁
70	70-74岁
75	75岁以上

2022年消费　客户资料　按年龄和性别

图7-20　“客户资料”表效果

年龄段	男顾客人数	女顾客人数	顾客总人数
30岁以下	2	1	3
30-34岁	1	4	5
35-39岁	1	0	1
40-44岁	8	9	17
45-49岁	14	10	24
50-54岁	15	2	17
55-59岁	11	6	17
60-64岁	4	1	5
65-69岁	4	1	5
70-74岁	3	2	5
75岁以上	0	1	1
合计	63	37	100

2022年消费　客户资料　按年龄和性别

图7-21　“按年龄和性别”表效果

（1）将"客户资料"表中数据区域 A1:F101 转换为表，将表的名称修改为"客户资料"，并取消隔行的底纹效果。

（2）将"客户资料"表 B 列中所有的"M"替换为"男"，所有的"F"替换为"女"。

（3）修改"客户资料"表 C 列中的日期格式，要求格式如"80 年 5 月 9 日"（年份只显示后两位）。

（4）在"客户资料"表 D 列中，计算每位顾客到 2023 年 1 月 1 日止的年龄，规则为每到下一个生日，计 1 岁。

（5）在"客户资料"表 E 列中，计算每位顾客到 2013 年 1 月 1 日止所处的年龄段，年龄段的划分标准位于"按年龄和性别"表的 A 列中。

（6）在"客户资料"表 F 列中，计算每位顾客 2022 年全年消费金额，各季度的消费情况位于"2022 年消费"表中，将 F 列的计算结果修改为货币格式，保留 0 位小数。

（7）在"按年龄和性别"表中，根据"客户资料"表中已完成的数据，在 B 列、C 列和 D 列中分别计算各年龄段男顾客人数、女顾客人数、顾客总人数，并在表格底部进行求和汇总。

任务 8

制作特色农产品销售图表

8.1 任务简介

通过展示任务的要求与效果，分析学生需要完成的学习目标。

8.1.1 任务要求与效果展示

随着电商经济形势的转变，社交电商、云计算、大数据等新概念、新模式、新潮流的出现，为电商经济的发展带来了新的导向，也给县域经济的发展开辟了一条产业发展、乡村振兴的新道路。李红作为博罗县的一名大学生村官，将本地优质山茶、红糖、鸡蛋等多种特色农产品在网上进行销售，取得了可喜的成绩。第一季度销售结束后，她将数据进行了整理，为乡亲们展现了直观的销售情况，效果如图 8-1 所示。

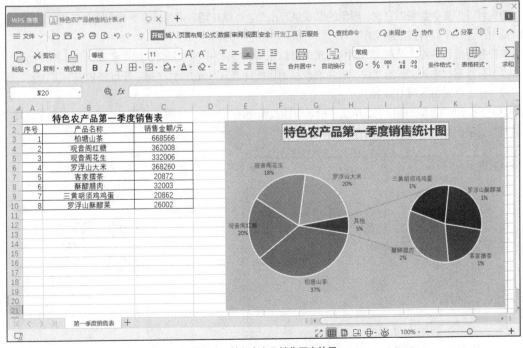

图8-1 特色农产品销售图表效果

素养小贴士

脱贫攻坚精神

脱贫攻坚精神即上下同心、尽锐出战、精准务实、开拓创新、攻坚克难、不负人民的精神。

8.1.2　任务目标

本任务涉及的知识点主要有：图表的创建、图表元素的添加与格式化、图表外观的美化。

知识目标：
➢ 了解图表的分类；
➢ 了解图表的作用。

技能目标：
➢ 掌握图表的创建；
➢ 掌握图表元素的添加与格式设置；
➢ 掌握图表的美化。

素养目标：
➢ 提升数据分析与表达能力；
➢ 提升分析问题、解决问题的能力。

8.2　任务实现

本任务主要完成创建图表、图表元素的添加与格式设置、图表美化相关操作。

微课：创建图表

8.2.1　创建图表

图表可以把复杂数据以直观、形象的形式呈现出来，可以让用户清楚地看到数据变化的规律，在实际生活以及生产过程中具有广泛的应用。

本任务要统计各农产品所占的销售比重，可以用 WPS 表格中的"复合饼图"实现，具体操作如下。

（1）打开素材中的工作簿文件"特色农产品销售统计表.et"，切换到"第一季度销售表"工作表。

（2）选中单元格区域 B2:C10。

（3）切换到"插入"选项卡，单击"插入饼图或圆环图"按钮，如图 8-2 所示。从下拉列表中选择"复合饼图"选项，如图 8-3 所示。

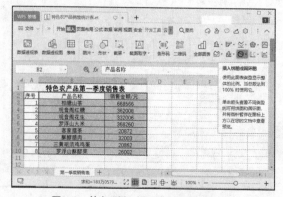

图8-2　单击"插入饼图或圆环图"按钮

图8-3　选择"复合饼图"选项

工作表中即插入了一个复合饼图，如图 8-4 所示。

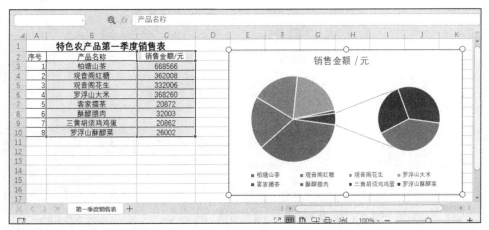

图8-4　插入"复合饼图"效果

8.2.2　图表元素的添加与格式设置

一个专业的图表是由多个不同的图表元素组合而成的。用户在实际操作中经常需要对图表的各元素进行格式设置。

微课：图表元素的添加与格式设置

1. 设置图表标题

图表标题是图表的一个重要组成部分，通过图表标题用户可以快速了解图表内容的作用，设置图表标题的具体操作如下。

（1）单击"图表标题"占位符，修改其文字为"特色农产品第一季度销售统计图"。

（2）再次单击"图表标题"占位符，切换到"开始"选项卡，设置图表标题文本的字体为"微软雅黑"、字号为"18"、加粗，如图 8-5 所示。

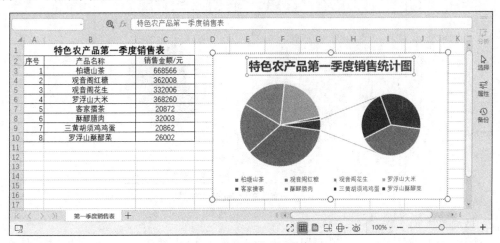

图8-5　设置图表标题后的效果

（3）用鼠标右键单击"图表标题"占位符，从弹出的快捷菜单中选择"设置图表标题格式"命令，如图 8-6 所示。

（4）打开"属性"窗格，在"填充与线条"选项卡中选中"填充"下方的"图案填充"单选按钮，在"图案"列表框中选择"20%"选项，在"线条"的列表框中选择"线条样式：实线　线条宽度：1磅　线条类型：单线"选项，如图 8-7 所示。

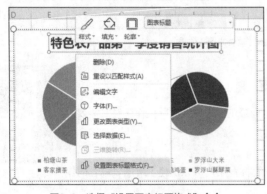

图8-6　选择"设置图表标题格式"命令　　　　　　图8-7　设置"图案填充"

（5）单击"属性"窗格的"关闭"按钮，返回工作表中，即可完成图表标题的格式设置，如图 8-8 所示。

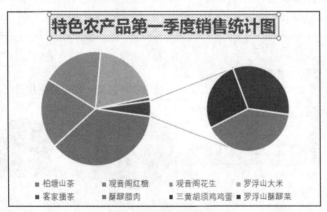

图8-8　图案填充设置完成后的效果

2. 取消图例

图例是图表的一个重要元素，它保证用户可以快速、准确地识别图表。用户不仅可以调整图例的位置，还可以对图例的格式进行修改。

本任务为了突出各农产品所占比重，在饼图中通过"数据标签"显示各部分内容，因此可以将图例取消，具体操作如下。

选中饼图，切换到"图表工具"选项卡，单击"添加元素"按钮，从下拉列表中选择"图例"级联菜单中的"无"选项，如图 8-9 所示，即可快速取消图例。

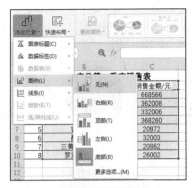

图8-9　取消图例

3. 设置数据系列

数据系列由数据点组成,每个数据点对应数据区域的单元格中的数据,数据系列对应一行或者一列数据。

从图8-1中可以看出,复合饼图的第二绘图区包含4个值,WPS表格默认创建的复合饼图的第二绘图区包含3个值,需要进行相关设置才能实现任务效果,具体操作如下。

(1)双击复合饼图的任一数据系列,打开"属性"窗格。

(2)切换到"系列选项"选项卡,在"系列选项"栏中将"第二绘图区中的值"微调框中的值设置为"4",设置"分类间距"微调框中的值为"120%",如图8-10所示,设置完成后的效果如图8-11所示。

图8-10　"系列"选项卡

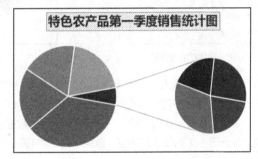

图8-11　调整第二绘图区后的效果

4. 添加数据标签

为了快速识别图表中的数据系列,可以为图表的数据点添加数据标签,使用户更加清楚地了解该数据系列的具体数值。由于默认情况下图表中的数据标签没有显示出来,因此需要用户手动将其添加到图表中,具体操作如下。

(1)选择图表,单击图表右上角的"图表元素"按钮,从下拉列表中勾选"数据标签"复选框,并选择其级联菜单中的"居中"选项,如图8-12所示,即可为选中的数据系列添加数据标签。

(2)双击图表中的任一数据标签,打开"属性"窗格。

(3)切换到"标签选项"选项卡,单击"标签",在"标签选项"栏中勾选"类别名称"和"百分比"复选框,保持"显示引导线"复选框的勾选,取消"值"复选框的勾选,在"标签位置"栏中选中"数据标签外"单选按钮,如图8-13所示,设置后的效果如图8-14所示。

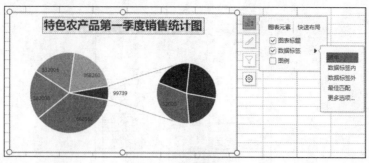

图8-12　添加数据标签

图8-13　设置"标签选项"

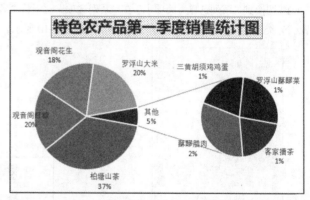

图8-14　设置"标签选项"后的效果

（4）移动图表到单元格区域 E2:L21 之中，将鼠标指针移到图表右下角，当鼠标指针变成左上右下的双向箭头时，按住鼠标左键调整图表的大小，使其铺满 E2:L21 单元格区域。

（5）在拖曳数据标签的过程中，随着数据标签与数据系列距离的增大，在数据标签与数据系列之间会出现引导线，根据图 8-1 调整数据标签与数据系列之间的距离，同时适当调整数据标签的宽度，如图 8-15 所示。

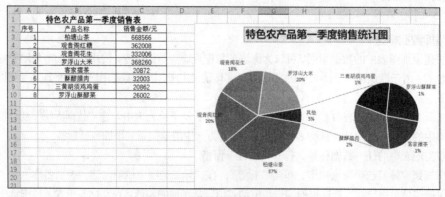

图8-15　调整数据标签位置后的效果

微课：图表的美化

8.2.3　图表的美化

为了让图表看起来更加美观，可以通过设置图表"图表区"的格式，给图表添加背景颜色，具体操作如下。

（1）双击图表的图表区，打开"属性"窗格。

（2）切换到"图表选项"选项卡，在"填充与线条"选项卡中单击"填充"栏右侧的颜色按钮，从下拉列表中选择"亮天蓝色，着色 5，浅色 60%"选项，如图 8-16 所示。之后选中"渐变填充"单选按钮，调整"角度"微调框中的值为"240°"。

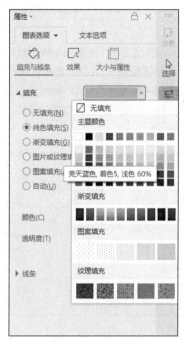

图8-16　设置填充颜色

（3）设置完成后单击"属性"窗格右上角的"关闭"按钮，返回工作表，完成图表区的格式设置，如图 8-1 所示。

（4）保存工作簿文件，完成任务。

8.3　经验与技巧

本任务通过制作特色农产品销售图表讲解了 WPS 表格中图表的创建、图表的格式化等操作。下面介绍几个 WPS 表格中图表类型的选取、各类图表的组成与结构、迷你图的使用、快递调整图表布局的方法和表格的打印技巧。

8.3.1　图表类型选取

下面介绍几种常用的图表类型。

（1）柱形图。柱形图是最常用的图表类型之一，主要用于表现数据之间的差异。在 WPS 表格中，柱形图包括"簇状柱形图""堆积柱形图""百分比堆积柱形图"3 种类型。其中，簇状柱形图（见图 8-17）可用于比较多个类别的值，堆积柱形图（见图 8-18）可用于比较每个类别对所有类别的总计贡献，百分比堆积柱形图可用于跨类别比较每个值占总体的百分比。

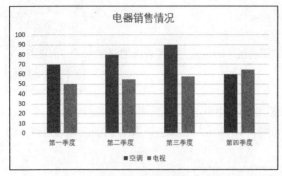

图8-17　簇状柱形图

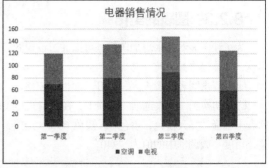

图8-18　堆积柱形图

（2）折线图。折线图是最常用的图表类型之一，主要用于表现数据变化的趋势。在 WPS 表格中，折线图的子类型有 6 种，包括"折线图""堆积折线图""百分比堆积折线图""带数据标记的折线图""带数据标记的堆积折线图""带数据标记的百分比堆积折线图"。其中折线图（见图 8-19）可以显示随时间而变化的连续数据，因此非常适合用于显示在相等时间间隔下的数据变化趋势。堆积折线图（见图 8-20）用于显示每个值所占总体大小随时间变化的趋势。

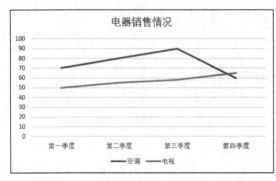

图8-19　折线图

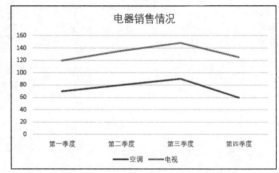

图8-20　堆积折线图

（3）饼图。饼图（见图 8-21）是最常用的图表类型之一，主要用于强调总体与个体之间的关系，通常只用一个数据系列作为数据源，饼图将一个圆划分为若干个扇形，每一个扇形代表数据系列中的一项数据值，其大小用于表示相应数据项占该数据系列的比例。在 WPS 表格中，饼图的子类型有 5 种，包括"饼图""三维饼图""复合饼图""复合条饼图""圆环图"。其中圆环图（见图 8-22）可以含有多个数据系列，圆环图中的每一个环都代表一个数据系列。

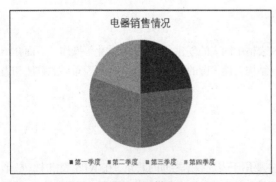

图8-21　饼图

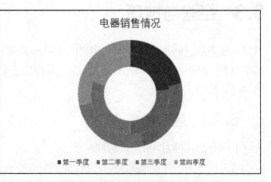

图8-22　圆环图

（4）条形图。将柱形图旋转 90° 则为条形图。条形图显示了各个项目之间的比较情况，当图表的轴标签过长或显示的数值是持续型数据时，一般使用条形图。在 WPS 表格中，条形图的子类型有 3 种，包括 "簇状条形图""堆积条形图""百分比堆积条形图"。其中簇状条形图可用于比较多个类别的值，如图 8-23 所示。堆积条形图可用于显示单个项目与总体的关系，如图 8-24 所示。

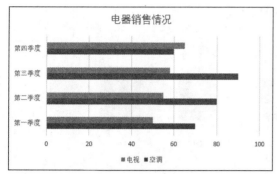

图8-23　簇状条形图

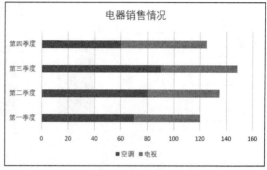

图8-24　堆积条形图

（5）面积图。面积图（见图 8-25）用于显示不同数据系列之间的对比关系，显示各数据系列与整体的比例关系，强调数量随时间而变化的程度，能直观地表现出整体和部分的关系。在 WPS 表格中，面积图的子类型有 3 种，包括 "面积图""堆积面积图""百分比堆积面积图"。其中，面积图用于显示各种数值随时间或类别变化的趋势。堆积面积图（见图 8-26）用于显示每个数值所占总体大小的比例随时间或类别变化的趋势，可强调某个类别交于系列轴上的数值的趋势。但是需要注意，在使用堆积面积图时，一个系列中的数据可能会被另一个系列中的数据遮住。

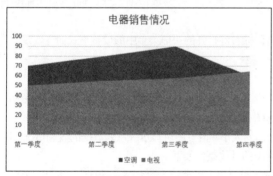

图8-25　面积图

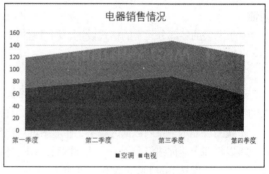

图8-26　堆积面积图

8.3.2　图表类型组成与结构

图表由图表区、绘图区、标题、数据系列、图例、坐标轴等基本组成部分构成，如图 8-27 所示。下面介绍部分图表的基本构成部分。

（1）图表区。图表区是指图表的全部范围。默认的图表区是由白色填充区域和 50% 的灰色细实线边框组成的，选中图表区时，将显示图表对象边框以及用于调整图表大小的 6 个控制点。

（2）绘图区。绘图区是指图表区内的图形表示区域，是以两个坐标轴为边的长方形区域。选中绘图区时，将显示绘图区边框以及用于调整绘图区大小的 8 个控制点。

（3）标题。标题包括图表标题和坐标轴标题。图表标题一般显示在绘图区上方，坐标轴标题显示在坐标轴外侧。图表标题只有一个，坐标轴标题分为水平轴标题和垂直轴标题。

（4）数据系列。数据系列是由数据点构成的，每个数据点对应工作表中某个单元格内的数据，数据系列对应工作表中的一行或一列的数据。数据系列在绘图区中表现为彩色的点、线、面等图形。

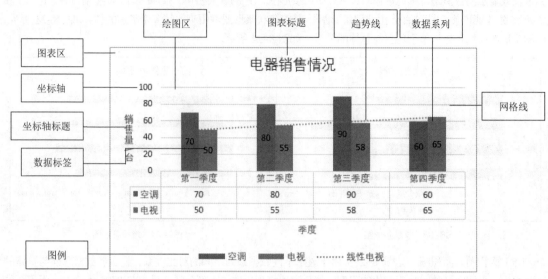

图8-27　图表的构成

（5）图例。图例由图例项和图例项标识组成，在默认设置中，包含图例的无边框矩形区域显示在绘图区右侧。

（6）坐标轴。坐标轴按位置不同分为主坐标轴和次坐标轴。图表的坐标轴默认显示的是绘图区左边的主纵坐标轴和下边的主横坐标轴。坐标轴按引用数据的不同可以分为数值轴、分类轴、时间轴和序列轴。

对于图表的各部分元素的格式设置，均可通过单击鼠标右键打开的快捷菜单中的设置格式命令实现。

8.3.3　使用迷你图

迷你图是工作表单元格中的一个微型图表，可提供数据的直观表示，它用清晰、简明的图表形象显示数据的特征，并且占用空间少。迷你图包括折线图、柱形图和盈亏图 3 种类型。

折线图可显示一系列数据的趋势，柱形图可对比数据的大小，盈亏图可显示一系列数据的盈利情况。用户也可以将多个迷你图组合为一个迷你图组。创建迷你图的具体操作如下。

（1）打开素材中的工作簿文件"创建迷你图.et"，选择单元格 F3，切换到"插入"选项卡，单击"折线"按钮，如图 8-28 所示，打开"创建迷你图"对话框。

图8-28　单击"折线"按钮

（2）将光标定位到"数据范围"文本框中，使用鼠标选择单元格区域 B3:E3，如图 8-29 所示，单击"确定"按钮，即可在单元格 F3 中创建迷你图。

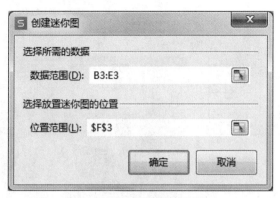

图8-29　"创建迷你图"对话框

（3）将鼠标指针移到单元格 F3 的右下角，当鼠标指针变成黑色十字指针时，按下鼠标左键并拖曳鼠标指针至单元格 F6，可利用填充句柄实现迷你图的自动生成，如图 8-30 所示。

	A	B	C	D	E	F	G
1	家电销售统计						
2	产品/台	第一季度	第二季度	第三季度	第四季度	费用趋势图	
3	液晶电视	5600	9800	7500	12000	〰	
4	空调	580	740	360	900	〰	
5	冰箱	5900	5600	5400	6100	〰	
6	洗衣机	4500	4800	4000	4200	〰	
7							

图8-30　迷你图创建完成后的效果

需要更改迷你图的类型时，可以切换到"迷你图工具"选项卡，选择需要的图表类型即可。

需要删除迷你图时，选择需要删除的迷你图，切换到"迷你图工具"选项卡，单击"清除"下拉按钮，从下拉列表中选择所需要的选项即可，如图 8-31 所示。

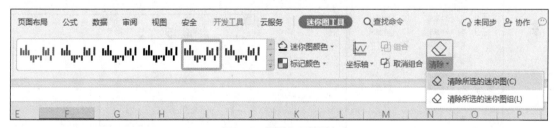

图8-31　"清除"下拉列表

8.3.4　快速调整图表布局

图表布局是指图表中显示的图表元素及其位置、格式等的组合。WPS 表格提供了 9 种快速调整图表布局的方式。以本任务为例，快速调整图表布局的操作如下。

选中图表，切换到"图表工具"选项卡，单击"快速布局"按钮，从下拉列表中选择"布局 5"选项，如图 8-32 所示，即可将此图表布局应用到选中的图表。

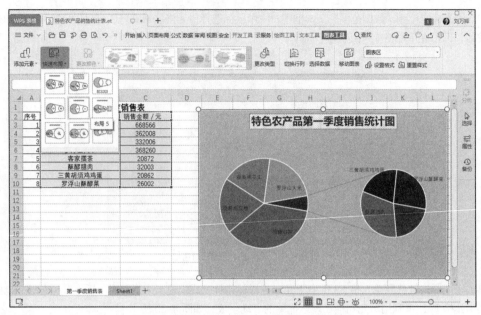

图8-32 应用"快速布局"中"布局5"的图表效果

8.3.5 WPS 表格打印技巧

很多时候我们在打印表格时，既看不到表头，表格的排版也不美观，此时我们可以通过设置页边距实现表格居中，居中打印表格操作如下。

（1）切换到"页面布局"选项卡，单击"页边距"按钮，从下拉列表中选择"自定义页边距"选项，如图 8-33 所示。打开"页面设置"对话框，在"页边距"选项卡中，根据表格的情况设置"上""下""左""右"微调框中的值，勾选"居中方式"栏下的"水平"和"垂直"复选框，如图 8-34 所示，把表格调整到合适的位置。

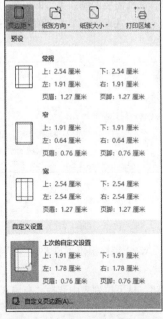

图8-33 选择"自定义页边距"选项

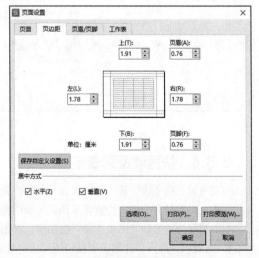

图8-34 "页面设置"对话框

（2）打开"页面布局"选项卡，单击"页面布局"选项卡下的"打印标题或表头"按钮，如图 8-35 所示。打开"页面设置"对话框，且自动切换到"工作表"选项卡。在"打印标题"栏下选择"顶端标题行"并选择任务中的第一行、第二行，如图 8-36 所示。单击"关闭"按钮，返回表格中，在"页面布局"选项卡下单击"打印预览"按钮，打印效果中的每一页都自动包括表头。

图8-35　单击"打印标题或表头"按钮

图8-36　设置"顶端标题行"

8.4　任务小结

本任务通过制作特色农产品销售图表讲解了 WPS 表格中图表的创建、图表的格式化等操作。在掌握了各种图表的使用方式之后，读者应能根据使用环境选择适当的图表。

8.5　拓展练习

某企业员工小韩需要使用 WPS 表格来分析采购成本，效果如图 8-37 所示。打开素材中的"采购成本分析.et"，帮助小韩完成以下操作。

（1）在"成本分析"工作表的单元格区域 B8:B20 中使用公式计算不同订货量下的年订货成本，公式为"年订货成本=年需求量/订货量×单次订货成本"，计算结果应用货币格式并保留整数。

（2）在"成本分析"工作表的单元格区域 C8:C20 中使用公式计算不同订货量下的年存储成本，公式为"年存储成本=单位年存储成本×订货量×0.5"，计算结果应用货币格式并保留整数。

（3）在"成本分析"工作表的单元格区域 D8:D20 中使用公式计算不同订货量下的年总成本，公式为"年总成本=年订货成本+年存储成本"，计算结果应用货币格式并保留整数。

（4）为"成本分析"工作表的单元格区域 A7:D20 套用一种表格样式，并将表名称修改为"成本分析"。

（5）根据"成本分析"工作表的单元格区域 A7:D20 中的数据，创建"带平滑线的散点图"，修改图标题为"采购成本分析"，标题文本字体为"微软雅黑"、字号为"20"、加粗。根据图 8-37 修改垂直轴、水平轴上的最大、最小值及刻度单位和刻度线，设置图例位置，修改网格线为"短画线"类型。

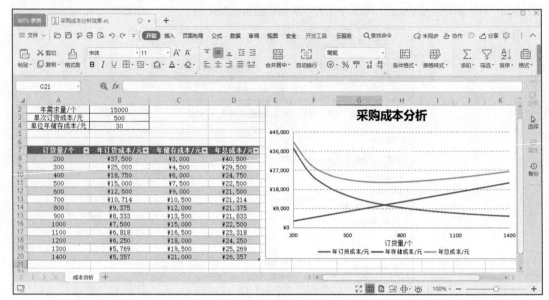

图8-37　完成后的采购成本分析效果

任务 9

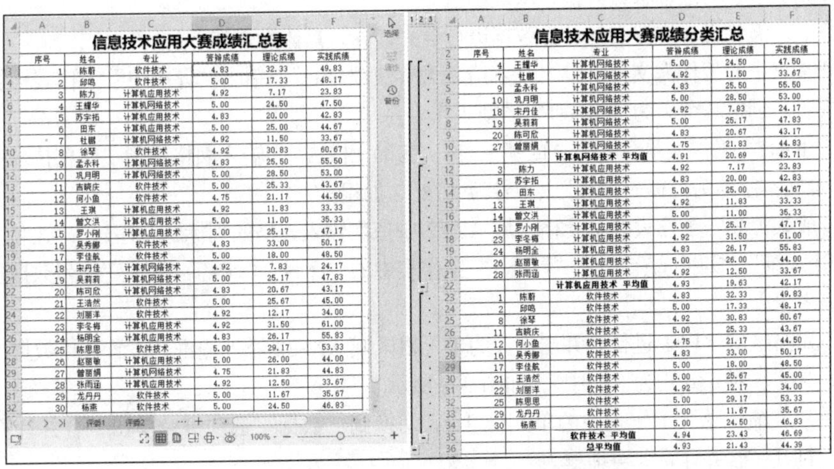

信息技术应用大赛成绩分析

9.1 任务简介

通过展示任务的要求与效果，分析学生需要完成的学习目标。

9.1.1 任务要求与效果展示

为激发学生学习信息技术知识、提升信息技术应用能力和信息素养的积极性和潜力，提升学生就业等方面的竞争力，计算机工程学院校举办了信息技术应用大赛活动。大赛结束后，王老师要对学生的大赛成绩进行分析，具体要求如下。

（1）根据 3 位评委的打分情况，汇总出每位学生的平均成绩。

（2）对汇总后的数据进行排序，以查看各专业学生的成绩情况。

（3）筛选出计算机网络技术专业、实践成绩在 50 分以上的学生名单上报到计算机网络技术教研室，筛选出计算机网络技术专业、实践成绩在 50 分以上或计算机应用技术专业、理论成绩在 25 分以上的学生名单上报计算机工程办公室。

（4）分类汇总出各专业各项大赛成绩的平均值。

成绩的合并计算与分类汇总效果如图 9-1 所示。

图9-1 成绩的合并计算与分类汇总效果

素养小贴士

大数据用于医疗行业，改善人民健康状况

当大数据应用于医疗行业解决民生问题时，可对区域性疾病发生情况提供技术支持。当前，大数据在医疗行业得到了广泛应用，如，公共卫生、疾病诊疗、医药研发等，将大数据用于追踪、统计，可进一步分析药品的药效，促进医药研发效率的提高。此外，利用大数据还可分析区域性疾病的发生情况，以便更好地提出疾病预报措施，防止疾病的爆发及扩散。

9.1.2　任务目标

知识目标：
➢ 了解数据合并计算的作用；
➢ 了解数据排序、数据自动筛选、数据分类汇总的作用。

技能目标：
➢ 掌握多个表格数据的合并计算；
➢ 掌握数据的多条件排序；
➢ 掌握数据的自动筛选与高级筛选；
➢ 掌握数据的分类汇总。

素养目标：
➢ 提升分析、统计数据的能力；
➢ 培养创新、敬业乐业的工作作风与质量意识。

9.2　任务实现

本任务充分发挥合并计算、数据排序、数据筛选、数据分类汇总的功能。

9.2.1　合并计算

合并计算是 WPS 表格中内置的处理多区域数据汇总的工具。合并计算能够帮助用户将指定的单元格区域中的数据，按照匹配的项目，对同类数据进行汇总。数据汇总的方式包括求和、计数、求平均值、求最大值、求最小值等。

微课：合并计算

在本任务中，需要将 3 位评委的评分数据进行合并计算，具体操作如下。

（1）打开素材中的工作簿文件"信息技术应用大赛成绩单.et"，单击"评委 3"工作表标签右侧的"新建工作表"按钮，创建一个名为"Sheet1"的新工作表。

（2）将"Sheet1"工作表重命名为"成绩汇总"，在单元格 A1 中输入表格标题"信息技术应用大赛成绩汇总表"，设置文本字体为"微软雅黑"、字号为"18"、加粗。

（3）在"成绩汇总"工作表的单元格区域 A2:F2 中依次输入表格的列标题"序号""姓名""专业""答辩成绩""理论成绩""实践成绩"。将"评委 1"工作表中的"序号""姓名""专业"3 列数据复制到"成绩汇总"工作表中。

（4）将单元格区域 A1:F1 进行合并居中。为单元格区域 A2:F32 添加边框，设置表格数据的字体为"宋体"、字号为"10"、对齐方式为"居中"，如图 9-2 所示。

（5）选择"成绩汇总"工作表中的单元格 D3，切换到"数据"选项卡，单击"合并计算"按钮，如图 9-3 所示，打开"合并计算"对话框。

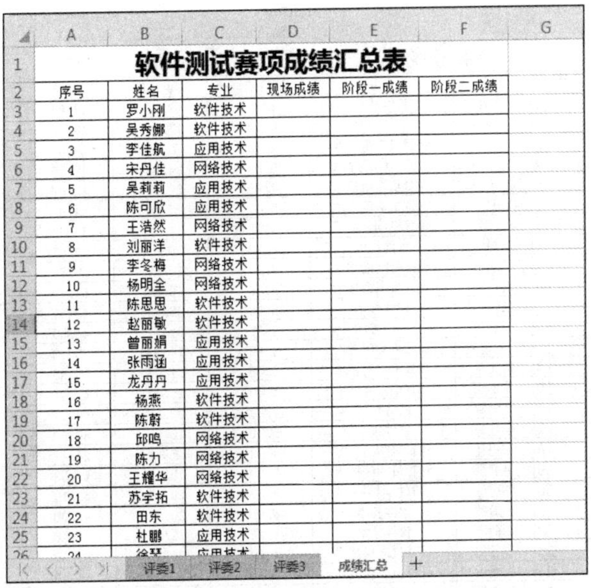

序号	姓名	专业	现场成绩	阶段一成绩	阶段二成绩
1	罗小刚	软件技术			
2	吴秀娜	软件技术			
3	李佳航	应用技术			
4	宋丹佳	网络技术			
5	吴莉莉	应用技术			
6	陈可欣	应用技术			
7	王浩然	网络技术			
8	刘丽洋	软件技术			
9	李冬梅	网络技术			
10	杨明全	网络技术			
11	陈思思	软件技术			
12	赵丽敏	软件技术			
13	曾丽娟	应用技术			
14	张雨涵	应用技术			
15	龙丹丹	应用技术			
16	杨燕	软件技术			
17	陈蔚	软件技术			
18	邱鸣	网络技术			
19	陈力	网络技术			
20	王耀华	网络技术			
21	苏宇拓	软件技术			
22	田东	软件技术			
23	杜鹏	应用技术			

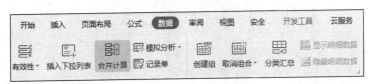

图9-2　新建“成绩汇总”工作表

图9-3　“合并计算”按钮

（6）从“函数”下拉列表中选择“平均值”选项。将光标定位到“引用位置”文本框中，单击“评委 1”工作表标签，并选择单元格区域 D3:F32，返回“合并计算”对话框，单击“添加”按钮，在“所有引用位置”列表框中将显示所选的单元格区域。

（7）将光标再次定位于“引用位置”文本框中，并删除已有的引用位置，单击“评委 2”工作表标签，并选择单元格区域 D3:F32，返回“合并计算”对话框，单击“添加”按钮，在“所有引用位置”列表框中将显示所选的单元格区域。使用同样的方法将“评委 3”工作表的数据区域 D3:F32 添加到“所有引用位置”列表框中，如图 9-4 所示。单击“确定”按钮，即可在“成绩汇总”工作表中看到合并计算的结果，如图 9-5 所示。

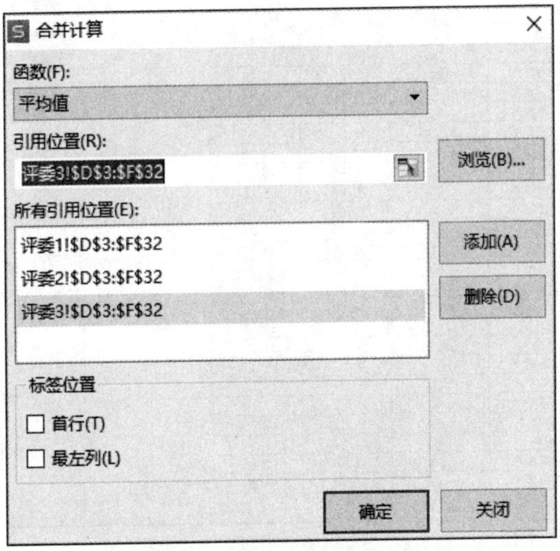

图9-4　“合并计算”对话框

序号	姓名	专业	答辩成绩	理论成绩	实践成绩
		信息技术应用大赛成绩汇总表			
1	陈蔚	软件技术	4.83	32.33	49.83
2	邱鸣	软件技术	5.00	17.33	48.17
3	陈力	计算机应用技术	4.92	7.17	23.83
4	王耀华	计算机网络技术	5.00	24.50	47.50
5	苏宇拓	计算机应用技术	4.83	20.00	42.83
6	田东	计算机应用技术	5.00	25.00	44.67
7	杜鹏	计算机网络技术	4.92	11.50	33.67
8	徐琴	软件技术	4.92	30.83	60.67
9	孟永科	软件机网络技术	4.83	25.50	55.50
10	巩月明	计算机网络技术	5.00	28.50	53.00
11	吉晓庆	软件技术	5.00	25.33	43.67
12	何小鱼	软件技术	4.75	21.17	44.50
13	王琪	计算机应用技术	4.92	11.83	33.33
14	曾文洪	计算机应用技术	5.00	11.00	35.33
15	罗小刚	计算机应用技术	5.00	25.17	47.17
16	吴秀娜	软件技术	4.83	33.00	50.17
17	李佳航	软件技术	5.00	18.00	48.50
18	宋丹佳	计算机网络技术	4.92	7.83	24.17
19	吴莉莉	计算机网络技术	5.00	25.17	47.83
20	陈可欣	计算机网络技术	4.83	20.67	43.17
21	王洁然	软件技术	5.00	25.67	45.00
22	刘丽洋	软件技术	4.92	12.17	34.00
23	李冬梅	软件技术	4.92	31.50	61.00
24	杨明全	计算机应用技术	4.83	26.17	55.83
25	陈思思	软件技术	5.00	29.17	53.33
26	赵丽敏	计算机应用技术	5.00	26.00	44.00
27	曾丽娟	计算机应用技术	4.75	21.83	44.83
28	张雨涵	计算机网络技术	4.92	12.50	33.67
29	龙丹丹	软件技术	5.00	11.67	35.67
30	杨燕	软件技术	5.00	24.50	46.83

图9-5　合并计算的结果

（8）选中刚刚合并计算后的单元格区域 D3:F32，切换到"开始"选项卡，单击"数字格式"下拉按钮，从下拉列表中选择"数值"选项，如图 9-6 所示。

图9-6　设置单元格格式为数值

9.2.2　数据排序

微课：数据排序

为了方便查看和对比表格中的数据，用户可以对数据进行排序。排序是指按照某个字段或某几个字段对数据进行重新排列，让数据具有某种规律。排序后的数据可以方便用户查看和对比。数据排序包括简单排序、复杂排序和自定义排序。

本任务要查看各专业学生的成绩情况，可以对表格按专业进行升序排序，在专业相同的情况下，分别按答辩成绩、理论成绩、实践成绩进行降序排序。由于排序条件较多，此时需要用到 WPS 表格中的复杂排序，具体操作如下。

（1）复制"成绩汇总"工作表，并将其副本重命名为"成绩排序"。

（2）选中位于"成绩排序"工作表数据区域的任一单元格，切换到"数据"选项卡，单击"排序"按钮，如图 9-7 所示，打开"排序"对话框。

图9-7　单击"排序"按钮

（3）从"主要关键字"下拉列表中选择"专业"选项，保持"排序依据"下拉列表的默认值"数值"不变，在"次序"下拉列表中选择"升序"，之后单击"添加条件"按钮，对话框中出现"次要关键字"的条件行，设置"次要关键字"为"答辩成绩""次序"为"降序"。用同样的方法再添加两个"次要关键字"，分别为"理论成绩"和"实践成绩"，设置"次序"均为"降序"，如图 9-8 所示。

图9-8　"排序"对话框

（4）单击"确定"按钮，完成表格数据的复杂排序，效果如图 9-9 所示。

9.2.3　数据筛选

微课：数据筛选

在一张大型工作表中，如果要找出某几项符合一定条件的数据，可以使用 WPS 表格强大的数据筛选功能。在用户设定筛选条件后，系统会迅速找出符合所设条件的数据，并自动隐藏不满足筛选条件的数据。数据筛选包括自动筛选和高级筛选两种。

自动筛选一般用于简单的条件筛选，高级筛选一般用于条件比较复杂的条件筛选。使用高级筛选之前必须先设定筛选的条件区域。当筛选条件同行排列时，筛选出来的数据必须同时满足所有筛选条件，称为"且"高级筛选；当筛选条件位于不同行时，筛选出来的数据只需满足其中一个筛选条件，称为"或"高级筛选。

▲	A	B	C	D	E	F	G	H
1	\multicolumn{6}{c}{信息技术应用大赛成绩汇总表}			
2	序号	姓名	专业	答辩成绩	理论成绩	实践成绩		
3	10	巩月明	计算机网络技术	5.00	28.50	53.00		
4	19	吴莉莉	计算机网络技术	5.00	25.17	47.83		
5	4	王耀华	计算机网络技术	5.00	24.50	47.50		
6	7	杜鹏	计算机网络技术	4.92	11.50	33.67		
7	18	宋丹佳	计算机网络技术	4.92	7.83	24.17		
8	9	孟永科	计算机网络技术	4.83	25.50	55.50		
9	20	陈可欣	计算机网络技术	4.83	20.67	43.17		
10	27	曾益娟	计算机网络技术	4.75	21.83	44.83		
11	26	赵丽敏	计算机应用技术	5.00	26.00	44.00		
12	15	罗小刚	计算机应用技术	5.00	25.17	47.17		
13	6	田东	计算机应用技术	5.00	25.00	44.67		
14	14	曾文洪	计算机应用技术	5.00	11.00	35.33		
15	23	李冬梅	计算机应用技术	4.92	31.50	61.00		
16	28	张雨涵	计算机应用技术	4.92	12.50	33.67		
17	13	王琪	计算机应用技术	4.92	11.83	33.33		
18	3	陈力	计算机应用技术	4.92	7.17	23.83		
19	24	杨明全	计算机应用技术	4.83	26.17	55.83		
20	5	苏宇拓	计算机应用技术	4.83	20.00	42.83		
21	25	陈思思	软件技术	5.00	29.17	53.33		
22	21	王洁然	软件技术	5.00	25.67	45.00		
23	11	吉晓庆	软件技术	5.00	25.33	43.67		
24	30	杨燕	软件技术	5.00	24.50	46.83		
25	17	李佳航	软件技术	5.00	18.00	48.50		
26	2	邱鸣	软件技术	5.00	17.33	48.17		
27	29	龙丹丹	软件技术	5.00	11.67	35.67		
28	8	徐琴	软件技术	4.92	30.83	60.67		
29	22	刘丽洋	软件技术	4.92	12.17	34.00		
30	16	吴秀娜	软件技术	4.83	33.00	50.17		
31	1	陈蔚	软件技术	4.83	32.33	49.83		
32	12	何小鱼	软件技术	4.75	21.17	44.50		

评委1　评委2　评委3　成绩汇 … ＋

图9-9　数据排序后的效果

本任务要求筛选出"计算机网络技术"专业、"实践成绩"在50分以上的学生名单，可利用自动筛选功能实现，具体操作如下。

（1）复制"成绩汇总"工作表，并将其副本重命名为"成绩汇总（自动筛选）"，修改表中的标题为"信息技术应用大赛成绩汇总（自动筛选）"。

（2）选中"成绩汇总（自动筛选）"工作表的第二行，切换到"数据"选项卡，单击"自动筛选"按钮，如图9-10所示。

图9-10　单击"自动筛选"按钮

（3）工作表进入筛选状态，各标题字段的右侧均出现下拉按钮。

（4）单击"专业"右侧的下拉按钮，在展开的下拉列表中取消勾选"软件技术""计算机应用技术"复选框，只勾选"计算机网络技术"复选框，如图9-11所示。

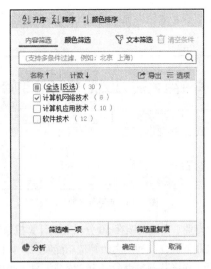

图9-11　设置"专业"的筛选条件

（5）单击"确定"按钮，表格中筛选出了"计算机网络技术"专业的成绩数据。

（6）单击"实践成绩"右侧的下拉按钮，在展开的下拉列表中选择"数字筛选"下拉列表中的"大于或等于"选项，如图9-12所示，打开"自定义自动筛选方式"对话框。

图9-12　"数字筛选"菜单中的"大于或等于"选项

（7）设置"大于或等于"后的值为"50"，如图9-13所示。

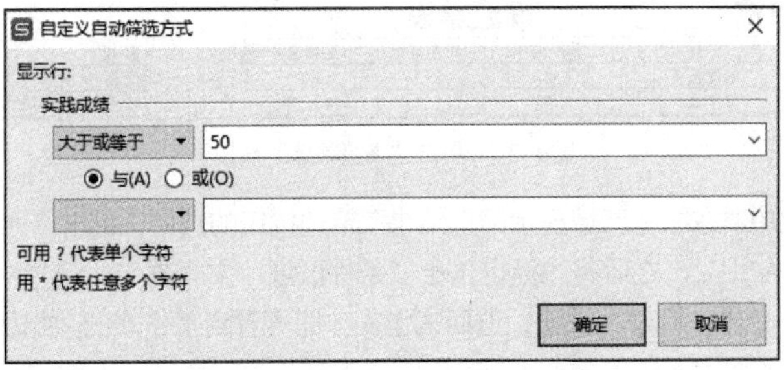

图9-13　"自定义自动筛选方式"对话框

（8）单击"确定"按钮返回工作表，表格即显示了"计算机网络技术"专业中"实践成绩"50 分以上的成绩数据，如图 9-14 所示。

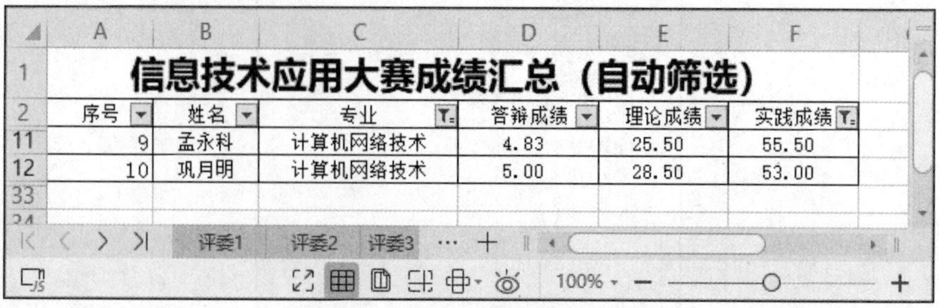

图9-14　自动筛选效果

本任务要求将计算机网络技术专业、实践成绩在 50 分以上或计算机应用技术专业、理论成绩在 25 分以上的学生名单上报计算机工程学院办公室，可利用高级筛选功能实现，具体操作如下。

（1）复制"成绩汇总"工作表，并将其副本重命名为"成绩汇总（高级筛选）"。

（2）切换到"成绩汇总（高级筛选）"工作表，在单元格区域 H2:J2 依次输入"专业""理论成绩""实践成绩"。

（3）选择 H3 单元格，并输入"计算机网络技术"；选择 J3 单元格，并输入">=50"；选择 H4 单元格，并输入"计算机应用技术"；选择 I4 单元格，并输入">=25"。为 H2:J4 单元格区域添加边框，如图 9-15 所示。

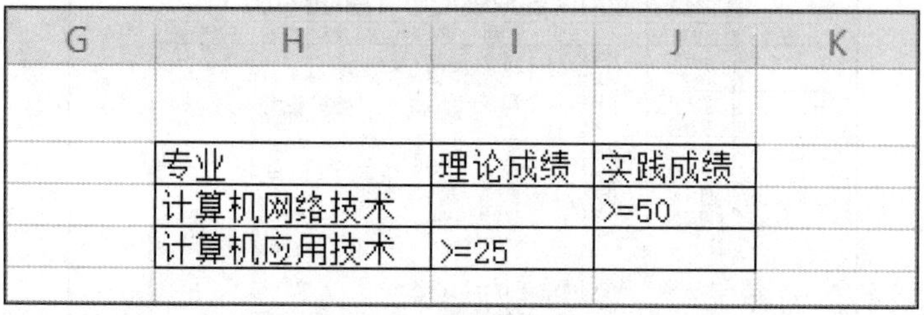

图9-15　设置筛选条件

（4）选中位于"成绩汇总（高级筛选）"工作表数据区域中的任一单元格，切换到"数据"选项卡，单击"高级筛选"按钮，如图 9-16 所示，打开"高级筛选"对话框。

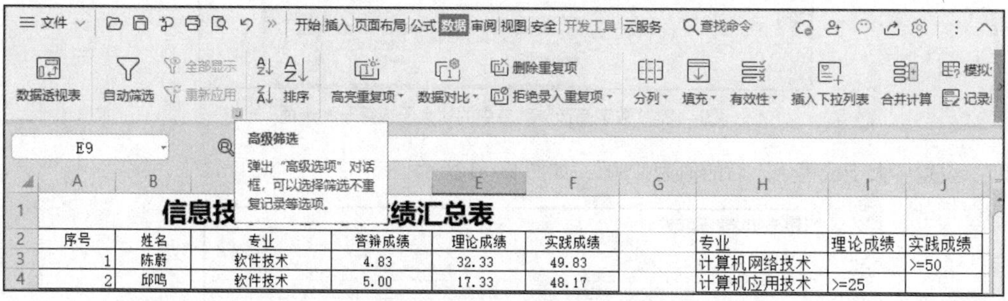

图9-16　单击"高级筛选"按钮

（5）保持"方式"栏中"在原有区域显示筛选结果"单选按钮的选中，单击"列表区域"后的折叠按钮，选择表格中的数据区域 A2:F32，之后将光标定位于"条件区域"文本框中，选择刚刚设置的筛选条件区域 H2:J4，如图 9-17 所示。单击"确定"按钮，返回工作表，即可看到工作表的数据区域显示出了符合筛选条件的学生名单，如图 9-18 所示。

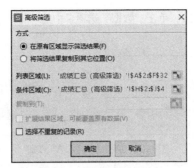

图9-17　"高级筛选"对话框

	信息技术应用大赛成绩汇总表				
序号	姓名	专业	答辩成绩	理论成绩	实践成绩
6	田东	计算机应用技术	5.00	25.00	44.67
9	孟永科	计算机网络技术	4.83	25.50	55.50
10	巩月明	计算机网络技术	5.00	28.50	53.00
15	罗小刚	计算机应用技术	5.00	25.17	47.17
23	李冬梅	计算机应用技术	4.92	31.50	61.00
24	杨明全	计算机应用技术	4.83	26.17	55.83
26	赵丽敏	计算机应用技术	5.00	26.00	44.00

图9-18　高级筛选后的效果

9.2.4　数据分类汇总

分类汇总是对表格中的数据进行管理的工具之一，它可以快速地汇总各项数据，通过分级显示和分类汇总，可以从大量数据中提取有用的信息。分类汇总允许展开或收缩工作表，还可以汇总整个工作表或其中选定的一部分。需要注意的是，在分类汇总之前须对数据进行排序。

微课：数据分类
汇总

本任务要汇总各专业学生的平均成绩，可利用分类汇总实现，具体操作如下。

（1）复制"成绩汇总"工作表，并将其副本重命名为"成绩汇总（分类汇总）"，将表格标题修改为"信息技术应用大赛成绩分类汇总"。

（2）选中位于"成绩汇总（分类汇总）"工作表数据区域"专业"列的任一单元格，切换到"数据"选项卡，单击"升序"按钮，如图9-19所示，即可快速完成表格中的数据按专业名称升序排列。升序排列后的效果如图9-20所示。

	信息技术应用大赛成绩分类汇总				
序号	姓名	专业	答辩成绩	理论成绩	实践成绩
4	王耀华	计算机网络技术	5.00	24.50	47.50
7	杜鹏	计算机网络技术	4.92	11.50	33.67
9	孟永科	计算机网络技术	4.83	25.50	55.50
10	巩月明	计算机网络技术	5.00	28.50	53.00
18	宋丹佳	计算机网络技术	4.92	7.83	24.17
19	吴莉莉	计算机网络技术	5.00	25.17	47.83
20	陈可欣	计算机网络技术	4.83	20.67	43.17
27	曾丽娟	计算机网络技术	4.75	21.83	44.83
3	陈力	计算机应用技术	4.92	7.17	23.83
5	苏宇拓	计算机应用技术	4.83	20.00	42.83
6	田东	计算机应用技术	5.00	25.00	44.67
13	王琪	计算机应用技术	4.92	11.83	33.33
14	曾文洪	计算机应用技术	5.00	11.50	35.33
15	罗小刚	计算机应用技术	5.00	25.17	47.17
23	李冬梅	计算机应用技术	4.92	31.50	61.00
24	杨明全	计算机应用技术	4.83	26.17	55.83
26	赵丽敏	计算机应用技术	5.00	26.00	44.00
28	张雨涵	计算机应用技术	4.92	12.50	33.67
1	陈蔚	软件技术	4.83	32.33	49.83
2	邱鸣	软件技术	5.00	17.33	48.17
8	徐琴	软件技术	4.92	30.83	60.67
11	吉晓庆	软件技术	5.00	25.33	43.67
12	何小鱼	软件技术	4.75	21.17	44.50
16	吴希娜	软件技术	4.83	33.00	50.17
17	李佳航	软件技术	5.00	18.00	48.50
21	王洁然	软件技术	5.00	25.67	45.00
22	刘丽洋	软件技术	4.92	12.17	34.00
25	陈思思	软件技术	5.00	29.17	53.33
29	龙丹丹	软件技术	5.00	11.67	35.67
30	杨燕	软件技术	5.00	24.50	46.83

图9-19　将"专业"列设置为"升序"

图9-20　按专业名称升序排列后的效果

（3）选择表格的数据区域 A2:F32，单击"数据"选项卡中的"分类汇总"按钮，如图 9-21 所示，打开"分类汇总"对话框。

图9-21 单击"分类汇总"按钮

（4）选择"分类字段"下拉列表中的"专业"选项，在"汇总方式"下拉列表中选择"平均值"选项，在"选定汇总项"列表框中勾选"答辩成绩""理论成绩""实践成绩"复选框，保持"替换当前分类汇总"和"汇总结果显示在数据下方"复选框的勾选，如图 9-22 所示。单击"确定"按钮，即可完成数据按专业进行的分类汇总操作，效果如图 9-23 所示。

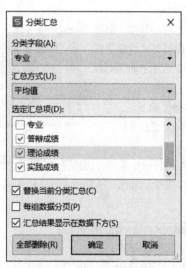

图9-22 "分类汇总"对话框

序号	姓名	专业	答辩成绩	理论成绩	实践成绩
		信息技术应用大赛成绩分类汇总			
4	王耀华	计算机网络技术	5.00	24.50	47.50
7	杜鹏	计算机网络技术	4.92	11.50	33.67
9	孟永科	计算机网络技术	4.83	25.50	55.50
10	巩月明	计算机网络技术	5.00	28.50	53.00
18	宋丹佳	计算机网络技术	4.92	7.83	24.17
19	吴莉莉	计算机网络技术	5.00	25.17	47.83
20	陈可欣	计算机网络技术	4.83	20.67	43.17
27	曾丽娟	计算机网络技术	4.75	21.83	44.83
		计算机网络技术 平均值	4.91	20.69	43.71
3	陈力	计算机应用技术	4.92	7.17	23.83
5	苏宇拓	计算机应用技术	4.83	20.00	42.83
6	田东	计算机应用技术	5.00	25.00	44.67
13	王琪	计算机应用技术	4.92	11.83	33.33
14	曾文洪	计算机应用技术	5.00	11.00	35.33
15	罗小刚	计算机应用技术	5.00	25.17	47.17
23	李冬梅	计算机应用技术	4.92	31.50	61.00
24	杨明全	计算机应用技术	4.83	26.17	55.83
26	赵丽敏	计算机应用技术	5.00	26.00	44.00
28	张雨迪	计算机应用技术	4.92	12.50	33.67
		计算机应用技术 平均值	4.93	19.63	42.17
1	陈蔚	软件技术	4.83	32.33	49.83
2	邱鸣	软件技术	5.00	17.33	48.17
8	徐琴	软件技术	4.92	30.83	60.67
11	吉晓庆	软件技术	5.00	25.33	43.67
12	何小鱼	软件技术	4.75	21.17	44.50
16	吴秀娜	软件技术	4.83	33.00	50.17
17	李佳航	软件技术	5.00	18.00	48.50
21	王浩然	软件技术	5.00	25.67	45.00
22	刘丽洋	软件技术	4.92	12.17	34.00
25	陈思思	软件技术	5.00	29.17	53.33
29	龙丹丹	软件技术	5.00	11.67	35.67
30	杨燕	软件技术	5.00	24.50	46.83
		软件技术 平均值	4.94	23.43	46.69
		总平均值	4.93	21.43	44.39

图9-23 分类汇总后统计的平均值效果

9.3 经验与技巧

下面介绍几个使用 WPS 表格时的经验与技巧。

9.3.1 按类别自定义排序

利用 WPS 表格处理日常工作时，经常会用到排序功能，但是有时需要按照自定义的类别排序，此时可进行如下的操作。

（1）打开素材文件夹中的"自定义排序素材.et"。

（2）选中"Sheet1"工作表中的除标题行以外的所有数据，切换到"数据"选项卡，单击"排序"按钮，打开"排序"对话框，在"主要关键字"下拉列表中选择"列B"，在"排序依据"下拉列表中选择"数值"，在"次序"下拉列表中选择"自定义序列"，如图9-24所示，打开"自定义序列"对话框。

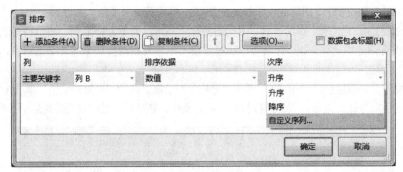

图9-24 选择"自定义序列"选项

（3）在"输入序列"列表框中输入"医生""教师""护士"，如图9-25所示。

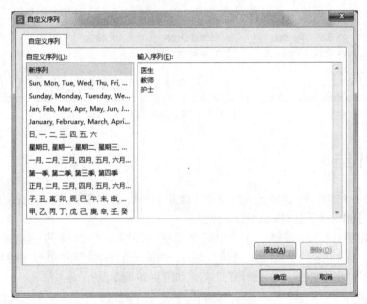

图9-25 "自定义序列"对话框

（4）单击"添加"按钮，即可将自定义的序列添加到左侧"自定义序列"列表框中。单击"确定"按钮返回"排序"对话框，即可看到"次序"显示为"医生，教师，护士"，如图9-26所示。单击"确定"按钮，即可完成职务的自定义排序，如图9-27所示。

图9-26 自定义次序设置完成

图9-27 自定义排序后的效果

9.3.2　粘贴筛选后的数据

WPS 表格的筛选功能可以快速地查看指定的数据，给我们带来了极大的便利，但是筛选功能只是将不符合条件的数据隐藏了起来。筛选过后，当我们需要将筛选过的单元格复制、粘贴到其他表格时，往往粘贴后的还是没有筛选的全部数据。此时可以通过定位可见单元格的方法来实现筛选后数据的粘贴，操作如下。

数据筛选完毕后，按组合键<Ctrl+G>，弹出"定位"对话框，选中"可见单元格"单选按钮，如图 9-28 所示。单击"定位"按钮，之后对表格进行复制、粘贴操作，粘贴后的数据就是筛选后的数据了。

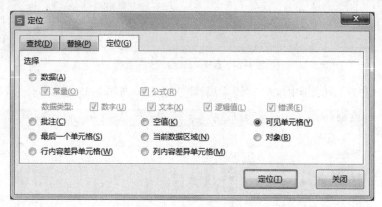

图9-28　"定位"对话框

9.4　任务小结

本任务通过分析大赛成绩，讲解了 WPS 表格中的合并计算、数据排序、自动筛选、高级筛选和分类汇总等内容。在实际操作中大家还需要注意以下问题。

（1）WPS 表格的排序功能很强大，在"排序"对话框中隐藏着多个用户可能不熟悉的选项。

① 排序依据。排序依据除了默认的"数值"以外，当单元格有背景颜色或单元格字体有不同颜色时，还有"单元格颜色""字体颜色""单元格图标"等，如图 9-29 所示。

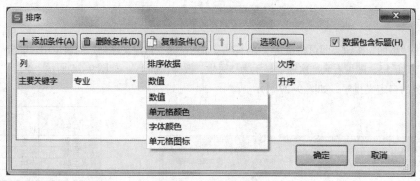

图9-29　"排序依据"列表

② 排序选项。在"排序"对话框中做相应的设置，可完成一些非常规的排序操作，如"按行排序""按笔画排序"等。单击"排序"对话框中的"选项"按钮，可打开"排序选项"对话框，如图 9-30 所示，更改该对话框的设置，即可实现相应的操作。

图9-30 "排序选项"对话框

（2）筛选时要注意自动筛选与高级筛选的区别，根据实际要求选择适当的筛选形式进行数据分析。

自动筛选不用设置筛选的条件区域，高级筛选必须先设定条件区域。

自动筛选可实现的筛选效果，用高级筛选也可以实现，反之则不一定能实现。

对于多条件的自动筛选，各条件之间是"与"的关系。对于多条件的高级筛选，若筛选条件在同一行，表示条件之间是"与"的关系；若筛选条件不在同一行，表示条件之间是"或"的关系。

（3）需要删除已设置的分类汇总结果时，打开"分类汇总"对话框，单击"全部删除"按钮可实现删除已建立的分类汇总。需要注意的是，删除分类汇总的操作是不可逆的，不能通过"撤销"命令恢复。

9.5 拓展练习

打开"员工考勤表"并进行数据统计。

（1）筛选出需要提醒的员工信息，需要提醒的条件是：月迟到次数超过 2，或者缺席天数大于 1，或者有早退的现象。筛选结果如图 9-31 所示。

序号	时间	员工姓名	所属部门	迟到次数	缺席天数	早退次数
			企业员工月度出勤考核			
0002	2022年1月	郭文	秘书处	10	0	1
0003	2022年1月	杨林	财务部	4	3	0
0004	2022年1月	雷庭	企划部	2	0	2
0005	2022年1月	刘伟	销售部	4	1	0
0006	2022年1月	何晓玉	销售部	0	0	4
0007	2022年1月	杨彬	研发部	2	0	8
0008	2022年1月	黄玲	销售部	1	1	4
0009	2022年1月	杨楠	企划部	3	0	2
0010	2022年1月	张琪	企划部	7	1	1
0011	2022年1月	陈强	销售部	8	0	0
0012	2022年1月	王兰	研发部	0	0	3
0013	2022年1月	田格艳	企划部	5	3	4
0014	2022年1月	王林	秘书处	7	0	1
0015	2022年1月	龙丹丹	销售部	0	4	0
0016	2022年1月	杨燕	销售部	1	0	1
0017	2022年1月	陈蔚	销售部	8	1	4
0018	2022年1月	邱鸣	研发部	6	0	5
0019	2022年1月	陈力	企划部	0	1	4
0020	2022年1月	王耀华	秘书处	0	0	1
0021	2022年1月	苏宇拓	企划部	6	0	0
0022	2022年1月	田东	企划部	3	0	0
0023	2022年1月	杜鹏	研发部	5	1	1
0024	2022年1月	徐琴	企划部	1	0	3
0025	2022年1月	孟永科	企划部	5	0	4
0026	2022年1月	巩月明	企划部	3	3	1
0028	2022年1月	何小鱼	研发部	1	0	5
0029	2022年1月	王琪	秘书处	0	2	0
0030	2022年1月	曾文洪	企划部	0	0	4
0031	2022年1月	张昭	秘书处	1	0	1

员工考勤表

图9-31 筛选结果1

（2）筛选出需要经理约谈的员工信息，需要约谈的条件是：迟到次数大于6并且早退次数大于2，或者缺席天数大于3并且早退次数大于1次。筛选结果如图9-32所示。

	A	B	C	D	E	F	G	H
1		企业员工月度出勤考核						
2	序号	时间	员工姓名	所属部门	迟到次数	缺席天数	早退次数	
19	0017	2022年1月	陈蔚	销售部	8	1	4	
35								

图9-32   筛选结果2

（3）按照所属部门，对员工考勤情况分类汇总，汇总出各部门的出勤情况。分类汇总效果如图 9-33 所示。

1 2 3		A	B	C	D	E	F	G	H
	1		企业员工月度出勤考核						
	2	序号	时间	员工姓名	所属部门	迟到次数	缺席天数	早退次数	
	3	0003	2022年1月	杨林	财务部	4	3	0	
	4				财务部 汇总	4	3	0	
	5	0002	2022年1月	郭文	秘书处	10	0	1	
	6	0014	2022年1月	王林	秘书处	7	0	1	
	7	0020	2022年1月	王耀华	秘书处	0	0	1	
	8	0027	2022年1月	吉晓庆	秘书处	2	0	0	
	9	0029	2022年1月	王琪	秘书处	0	2	0	
	10	0031	2022年1月	张昭	秘书处	1	0	1	
	11				秘书处 汇总	20	2	4	
	12	0004	2022年1月	雷庭	企划部	2	0	2	
	13	0009	2022年1月	杨楠	企划部	3	0	2	
	14	0010	2022年1月	张琪	企划部	7	1	1	
	15	0013	2022年1月	田格艳	企划部	5	3	4	
	16	0019	2022年1月	陈力	企划部	0	1	4	
	17	0021	2022年1月	苏宇拓	企划部	6	0	0	
	18	0022	2022年1月	田东	企划部	3	0	0	
	19	0024	2022年1月	徐琴	企划部	1	0	3	
	20	0025	2022年1月	孟永科	企划部	5	0	4	
	21	0026	2022年1月	巩月明	企划部	3	3	1	
	22	0030	2022年1月	曾文洪	企划部	0	0	4	
	23				企划部 汇总	35	8	25	
	24	0005	2022年1月	刘伟	销售部	4	1	0	
	25	0006	2022年1月	何晓玉	销售部	0	0	4	
	26	0008	2022年1月	黄玲	销售部	1	1	4	
	27	0011	2022年1月	陈强	销售部	8	0	0	
	28	0015	2022年1月	龙丹丹	销售部	0	4	0	
	29	0016	2022年1月	杨燕	销售部	1	0	1	
	30	0017	2022年1月	陈蔚	销售部	8	1	4	
	31	0032	2022年1月	董国株	销售部	2	1	0	
	32				销售部 汇总	24	8	13	

员工考勤表

图9-33   分类汇总效果

任务 10

大学生初创企业日常费用分析

10.1 任务简介

通过展示任务的要求与效果，分析学生需要完成的学习目标。

10.1.1 任务要求与效果展示

张旺大学毕业一年后创建了一家装潢公司，为了了解公司日常财务情况，制定下一季度的财务预算，现在要根据公司 1～3 月的日常费用明细表统计第一季度公司的财务报销情况，具体要求如下。

（1）将各部门的日常费用情况单独生成一张表格。

（2）统计各部门日常费用的平均值。

（3）对各部门的日常费用按总费用从高到低进行排序。

公司日常费用情况分析效果如图 10-1 所示。

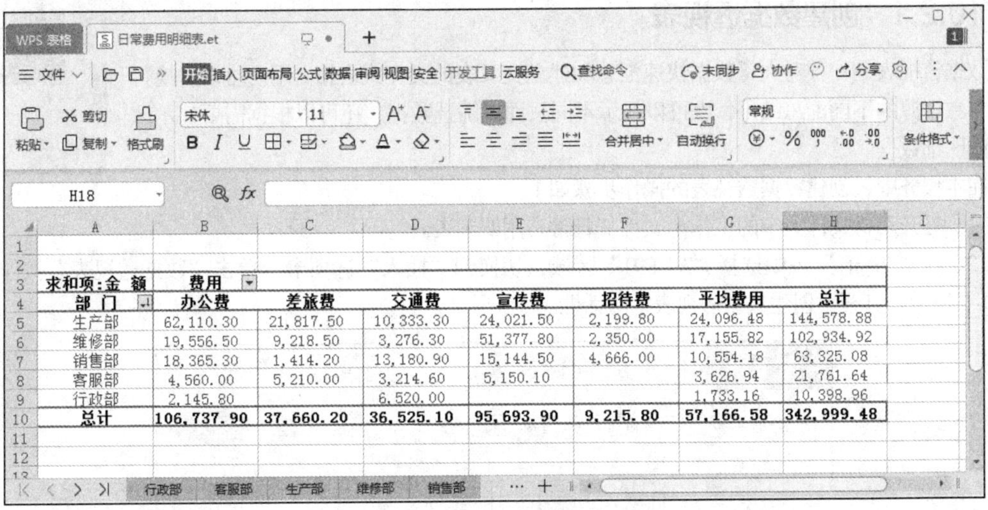

求和项:金 额	费用						
部 门	办公费	差旅费	交通费	宣传费	招待费	平均费用	总计
生产部	62,110.30	21,817.50	10,333.30	24,021.50	2,199.80	24,096.48	144,578.88
维修部	19,556.50	9,218.50	3,276.30	51,377.80	2,350.00	17,155.82	102,934.92
销售部	18,365.30	1,414.20	13,180.90	15,144.50	4,666.00	10,554.18	63,325.08
客服部	4,560.00	5,210.00	3,214.60	5,150.10		3,626.94	21,761.64
行政部	2,145.80		6,520.00			1,733.16	10,398.96
总计	106,737.90	37,660.20	36,525.10	95,693.90	9,215.80	57,166.58	342,999.48

图10-1 公司日常费用情况分析效果

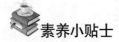

素养小贴士

中国"互联网+"大学生创新创业大赛

中国"互联网+"大学生创新创业大赛，是由教育部与政府、各高校共同主办的一项技能大赛。大赛旨在深化高等教育综合改革，激发大学生的创造力，培养造就"大众创业、万众创新"的主力军；推动赛事成果转化，促进"互联网+"新业态形成，服务经济提质、增效、升级；以创新引领创业、以创业带动就业，推动高校毕业生高质量创业就业。

10.1.2　任务目标

知识目标：
➢ 了解数据透视表的作用；
➢ 了解数据透视表的使用场合。

技能目标：
➢ 掌握创建数据透视表；
➢ 掌握利用数据透视表对数据进行计算、分析；
➢ 掌握数据透表的美化。

素养目标：
➢ 培养科学严谨的工作作风；
➢ 加强社会责任感和法律意识。

10.2　任务实现

本任务主要包含创建数据透视表、添加报表筛选页字段、增加计算项、数据透视表的排序、数据透视表的美化等。

10.2.1　创建数据透视表

数据透视表是一种对大量数据快速汇总和建立交叉表的交互式表格，用户可以转换行以查看数据源的不同汇总结果，也可以显示不同页面以筛选数据，还可以根据需要显示区域中的明细数据。

微课：创建数据透视表

在本任务中，创建数据透视表的操作步骤如下。

（1）打开素材文件夹中的工作簿文件"日常费用明细表.et"。

（2）在"Sheet1"表中选择"A1:F91"区域，切换到"插入"选项卡，单击"数据透视表"按钮，如图 10-2 所示。打开"创建数据透视表"对话框。

图10-2　单击"数据透视表"按钮

（3）在"创建数据透视表"对话框中，"请选择单元格区域"栏会出现"Sheet1!$A$1:$F$91"，单击"新工作表"单选按钮，如图 10-3 所示。单击"确定"按钮，进入新的工作表。

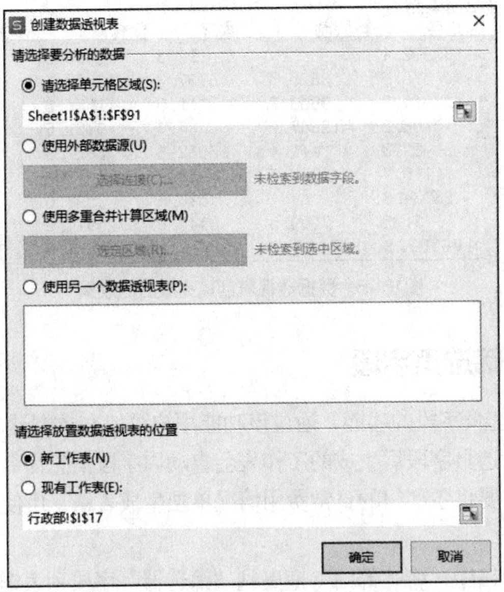

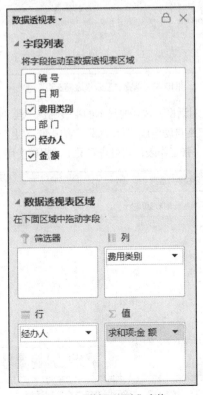

图10-3　"创建数据透视表"对话框

（4）在"数据透视表"窗格中，将"将字段拖曳至数据透视表区域"中的"费用类别"拖曳到"列"字段列表框，将"经办人"拖曳到"行"字段列表框，将"金额"拖曳到"值"字段列表框，如图 10-4 所示，即可实现数据透视表的创建，如图 10-5 所示。

图10-4　"数据透视表"窗格

	A	B	C	D	E	F	G
1							
2							
3	求和项:金 额	费用类别 ▽					
4	经办人 ▽	办公费	差旅费	交通费	宣传费	招待费	总计
5	李云	32892.4		12.3	1298.5		34203.2
6	刘博	576.5	3625.5	6737.3	53393.4	2350	66682.7
7	刘伟	23014.8	9953.2	2711.5	1686.6		37366.1
8	刘小丽	9706.2	12607.9		6421.5	456	29191.6
9	王伟	3273	441.4	13932.6	3621.5	4210	25478.5
10	郑军	11415.7	3922.7	3047	700	2199.8	21285.2
11	周俊	23734.3		3540.6	2597.5		29872.4
12	朱云	2125	7109.5	6543.8	25974.9		41753.2
13	总计	106737.9	37660.2	36525.1	95693.9	9215.8	285833

图10-5   数据透视表创建完成后的效果

10.2.2 添加报表筛选页字段

WPS 表格提供了报表筛选页字段的功能，通过该功能用户可以在数据透视表中快速显示位于筛选器中字段的所有信息，添加报表筛选页字段后生成的工作表会自动以字段信息命名，便于用户查看数据信息。在本任务中，要将各部门的日常费用情况单独生成表格，可使用报表筛选页字段的功能，操作步骤如下。

（1）在"数据透视表"窗格中，将"部门"拖曳到"筛选器"字段列表框中。

（2）选中数据透视表中的任一含有内容的单元格，切换到"分析"选项卡，单击"选项"下拉按钮，在下拉列表中选择"显示报表筛选页"选项，如图 10-6 所示。

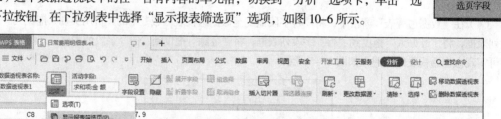

图10-6   选择"显示报表筛选页"选项

（3）弹出"显示报表筛选页"对话框，选择要显示的报表筛选字段"部门"，如图 10-7 所示。单击"确定"按钮，返回工作表中，WPS 表格自动生成"行政部""客服部""生产部""维修部""销售部" 5 张工作表，如图 10-8 所示。切换至任意一张工作表，均可查看员工的报销费用。

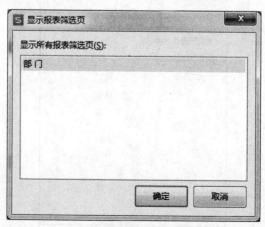

图10-7   "显示报表筛选页"对话框

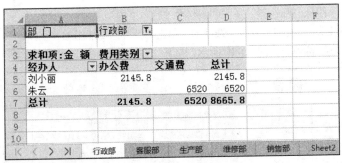

图10-8　报表筛选字段后的效果

10.2.3　增加计算项

WPS表格提供了创建计算项的功能，计算项是在已有的字段中插入的新项，是通过对该字段现有的其他项计算后得到的。在选中数据透视表中某个字段标题或其下的项目时，可以使用计算项功能。需要注意的是，计算项只能应用于行、列字段，无法应用于数字区域。

微课：增加计算项

本任务中需要在数据透视表中体现各部门的平均费用，可通过增加计算项实现，操作步骤如下。

（1）切换到"Sheet2"工作表，在"数据透视表"窗格中，单击"行"字段列表中的"经办人"下拉按钮，从下拉列表中选择"删除字段"选项，如图 10-9 所示，将"经办人"字段从"行"字段列表中移除。

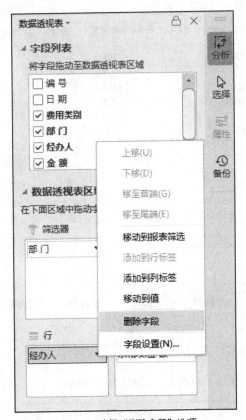

图10-9　选择"删除字段"选项

（2）将"部门"字段从"筛选器"字段列表移至"行"字段列表中。

（3）选中单元格 F4，切换到"分析"选项卡，单击"计算"功能组的"字段、项目和集"按钮，从下拉列表中选择"计算项"选项，如图 10-10 所示，打开"在'费用类别'中插入计算字段"对话框。

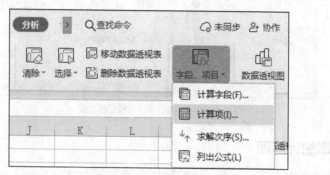

图10-10 选择"计算字段"选项

（4）在"名称"文本框中输入"平均费用"，在"公式"文本框中输入"=average("，在"字段"列表框中选择"费用类别"，在"项"列表框中选择"办公费"，单击"插入项"按钮。

（5）在"公式"显示的"办公费"后输入逗号，在"项"列表框中选择"差旅费"，单击"插入项"按钮。用同样的方法继续添加"交通费"项、"宣传费"项、"招待费"项，之后在这些参数后面输入")"，如图 10-11 所示。单击"确定"按钮，返回工作表，可看到添加的"平均费用"计算项，如图 10-12 所示。

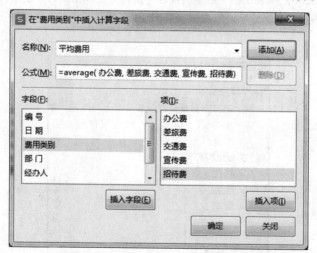

图10-11 "在'费用类别'中插入计算字段"对话框

⁄	A	B	C	D	E	F	G	H
1								
2								
3	求和项:金 额	费用类别▼						
4	部 门 ▼	办公费	差旅费	交通费	宣传费	招待费	平均费用	总计
5	行政部	2145.8		6520			1733.16	10398.96
6	客服部	4560	5210	3214.6	5150.1		3626.94	21761.64
7	生产部	62110.3	21817.5	10333.3	24021.5	2199.8	24096.48	144578.88
8	维修部	19556.5	9218.5	3276.3	51377.8	2350	17155.82	102934.92
9	销售部	18365.3	1414.2	13180.9	15144.5	4666	10554.18	63325.08
10	总计	106737.9	37660.2	36525.1	95693.9	9215.8	57166.58	342999.5
11								

图10-12 "平均费用"计算项添加完成的效果

10.2.4　数据透视表的排序

在已完成设置的数据透视表中还可以使用排序功能。本任务要求对分析出的数据按"总计"金额从高到低进行排序，具体操作如下。

（1）选中位于数据透视表的任意单元格，单击"部门"下拉按钮，在弹出的下拉列表中选择"其他排序选项"选项，如图 10-13 所示，打开"排序(部门)"对话框。

（2）在"排序选项"栏中选中"降序排序（Z 到 A）依据"单选按钮，并从其下拉列表中选择"求和项：金额"选项，如图 10-14 所示。

（3）单击"确定"按钮，即可实现数据透视表中数据按"总计"金额从高到低的排序，效果如图 10-15 所示。

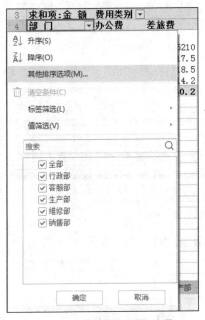

图10-13　"其他排序选项"选项

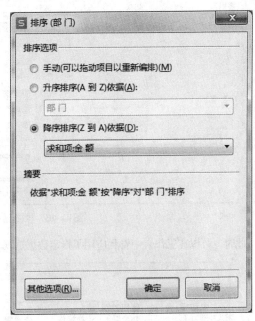

图10-14　"排序（部门）"对话框

求和项:金 额	费用类别						
部 门	办公费	差旅费	交通费	宣传费	招待费	平均费用	总计
生产部	62110.3	21817.5	10333.3	24021.5	2199.8	24096.48	144578.88
维修部	19556.5	9218.5	3276.3	51377.8	2350	17155.82	102934.92
销售部	18365.3	1414.2	13180.9	15144.5	4666	10554.18	63325.08
客服部	4560	5210	3214.6	5150.1		3626.94	21761.64
行政部	2145.8		6520			1733.16	10398.96
总计	106737.9	37660.2	36525.1	95693.9	9215.8	57166.58	342999.5

图10-15　降序排序后的效果

10.2.5　数据透视表的美化

为了增强数据透视表的视觉效果，用户可以对数据透视表进行样式选择、值字段设置等操作，具体操作如下。

（1）将鼠标指针定位于数据透视表的单元格中，切换到"设计"选项卡，单击"其他"按钮，从下拉列表中选择"数据透视表样式浅色 14"选项，如图 10-16 所示。

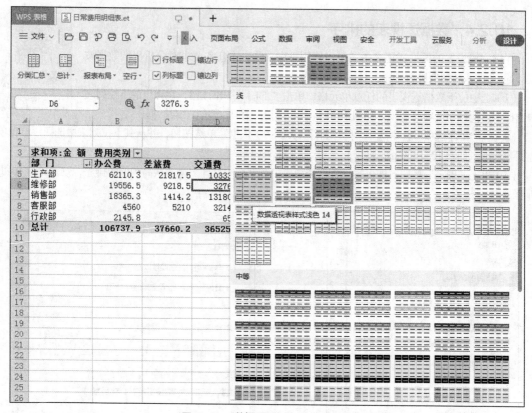

图10-16　"数据透视表样式"下拉列表

此时，可以在工作表中看到应用了指定数据透视表样式后的表格，如图10-17所示。

求和项:金 额	费用类别						
部 门	办公费	差旅费	交通费	宣传费	招待费	平均费用	总计
生产部	62110.3	21817.5	10333.3	24021.5	2199.8	24096.48	144578.88
维修部	19556.5	9218.5	3276.3	51377.8	2350	17155.82	102934.92
销售部	18365.3	1414.2	13180.9	15144.5	4666	10554.18	63325.08
客服部	4560	5210	3214.6	5150.1		3626.94	21761.64
行政部	2145.8		6520			1733.16	10398.96
总计	106737.9	37660.2	36525.1	95693.9	9215.8	57166.58	342999.5

图10-17　应用数据透视表样式后的效果

（2）在"设计"选项卡中，勾选"样式"列表左侧的"镶边列"复选框、"镶边行"复选框，如图10-18所示，实现数据透视表中行、列的镶边效果。

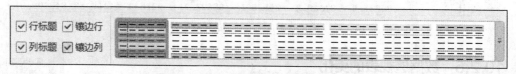

图10-18　勾选"镶边行"和"镶边列"复选框

（3）双击单元格B3（即"费用类别"单元格），修改其文本内容为"费用"。

（4）在"数据透视表"窗格中，单击"值"字段列表框中的"求和项:金额"下拉按钮，从弹出的下拉列表中选择"值字段设置"选项，如图10-19所示。打开"值字段设置"对话框，如图10-20所示。

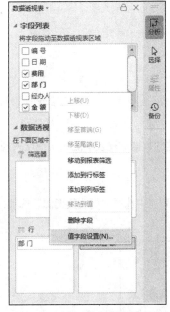

图10-19　选择"值字段设置"选项　　　　　　图10-20　"值字段设置"对话框

（5）单击"数字格式"按钮，打开"单元格格式"对话框，在"数字"选项卡中选择"数值"选项，设置"小数位数"为"2"，勾选"使用千位分隔符"复选框，如图 10-21 所示。单击两次"确定"按钮，返回工作表，完成数据透视表中数值单元格的格式设置。

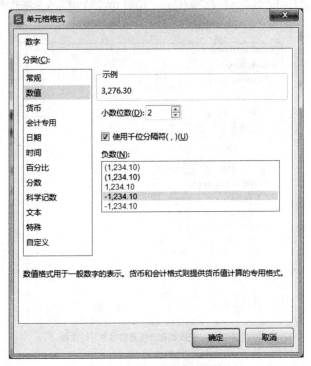

图10-21　"单元格格式"对话框

（6）选中整个数据透视表，切换到"开始"选项卡，单击"对齐方式"功能组中的"水平居中"按钮，对齐表格中的数据，效果如图 10-1 所示。

（7）单击"保存"按钮，完成任务。

10.3　经验与技巧

下面介绍几个使用 WPS 表格时的经验与技巧。

10.3.1　更改数据透视表的数据源

当数据透视表的数据源位置发生移动或其内容发生变动时，原来创建的数据透视表不能真实地反映现状，需要重新设定数据透视表的数据源，可进行如下操作。

（1）选中位于数据透视表的单元格。

（2）切换到"分析"选项卡，单击"更改数据源"下拉按钮，从下拉列表中选择"更改数据源"选项，如图 10-22 所示。

图10-22　选择"更改数据源"选项

（3）在弹出的"更改数据透视表数据源"对话框（见图 10-23）中，选择新的单元格区域或数据透视表即可。

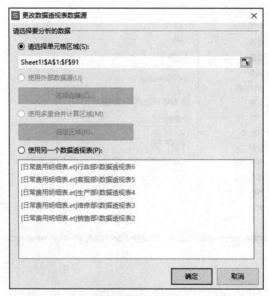

图10-23　"更改数据透视表数据源"对话框

10.3.2　更改数据透视表的报表布局

WPS 表格中有"以压缩形式显示""以大纲形式显示""以表格形式显示"3 种报表布局，其中"以压缩形式显示"为数据透视表的默认布局。

在本任务中，如将"经办人"拖曳到"行"字段列表框中，数据透视表将默认显示为"压缩布局"，如图 10-24 所示。

部门	经办人	办公费	差旅费	交通费	宣传费	招待费	平均费用	总计
□生产部		62,110.30	21,817.50	10,333.30	24,021.50	2,199.80	24,096.48	144,578.88
	李云	24,930.80			1,236.00		5,233.36	31,400.16
	刘博	321.50	3,625.50	6,737.30	6,683.50		3,473.56	20,841.36
	刘伟	21,697.50	1,215.00	2,711.50			5,124.80	30,748.80
	刘小丽	5,253.20	12,607.90		96.50		3,591.52	21,549.12
	王伟	338.50	115.40	558.50			202.48	1,214.88
	郑军	1,589.00	3,401.70			2,199.80	1,438.10	8,628.60
	周俊	5,854.80		326.00			1,236.16	7,416.96
	朱云	2,125.00	852.00		16,005.50		3,796.50	22,779.00
□维修部		19,556.50	9,218.50	3,276.30	51,377.80	2,350.00	17,155.82	102,934.92
	李云	2,143.00					428.60	2,571.60
	刘博	255.00			40,546.90	2,350.00	8,630.38	51,782.28
	刘伟		8,282.00		158.00		1,688.00	10,128.00
	刘小丽	1,382.20			6,325.00		1,541.44	9,248.64
	王伟		326.00	458.00			156.80	940.80
	郑军		521.00	2,794.50	700.00		803.10	4,818.60
	周俊	15,776.30					3,155.26	18,931.56
	朱云		89.50	23.80	3,647.90		752.24	4,513.44
□销售部		18,365.30	1,414.20	13,180.90	15,144.50	4,666.00	10,554.18	63,325.08
	李云	1,258.60		12.30	62.50		266.68	1,600.08
	刘博				6,163.00		1,232.60	7,395.60
	刘伟	1,317.30	456.20				354.70	2,128.20
	刘小丽	925.00			456.00		276.20	1,657.20

图10-24　"压缩布局"的数据透视表

如要更改此布局，可进行如下的操作。

（1）选中数据透视表区域的任一单元格。

（2）切换到"设计"选项卡，单击"报表布局"按钮，从下拉列表中选择"以表格形式显示"选项，如图 10-25 所示，数据透视表即可实现布局的更改。

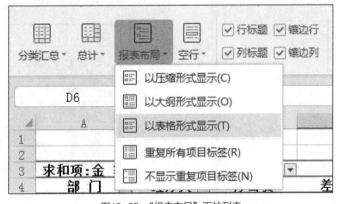

图10-25　"报表布局"下拉列表

10.3.3　快速取消"总计"列

在创建数据透视表时，默认情况下会自动生成"总计"列，有时此列并没有实际的意义，要将其取消可进行如下的操作。

（1）选择数据透视表区域的任一单元格。

（2）切换到"设计"选项卡，单击"总计"按钮，在下拉列表中选择"仅对列启动"选项，如图 10-26 所示，即可快速取消"总计"列。

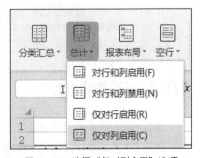

图10-26　选择"仅对列启用"选项

10.3.4　使用切片器快速筛选数据

切片器是 WPS 表格的一项可用于数据透视表筛选的强大功能，使用切片器在进行数据筛选方面有很大的优势。切片器能够快速地筛选出数据透视表中的数据，而无须打开下拉列表查找要筛选的项目。

需要注意的是，切片器只能用在数据透视表中，且文件的格式需要是 XLSX，所以需要先对表格进行另存为操作。以本任务中的数据透视表为例，使用切片器进行筛选的操作如下。

（1）单击"文件"按钮，选择"另存为"选项，在打开的对话框中将文件保存的格式设置为 XLSX 格式，之后用 WPS 表格打开另存为后的文件。

（2）选择数据透视表中的任一单元格，切换到"分析"选项卡，单击"筛选"功能组中的"插入切片器"按钮，如图 10-27 所示。

图10-27　"插入切片器"按钮

（3）在打开的"插入切片器"对话框中，勾选"部门"复选框，如图 10-28 所示，单击"确定"按钮。弹出"切片器"面板，单击面板中的各个部门，即可实现数据透视表中数据的快速筛选，如图 10-29 所示。

图10-28　"插入切片器"对话框

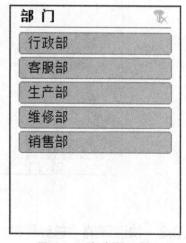

图10-29　"切片器"面板

10.4　任务小结

本任务通过分析公司日常费用情况讲解了 WPS 表格中数据透视表的创建、数据透视表的值字段设置、数据透视表的数据排序等内容。在实际操作中大家还需要注意以下问题。

第一，数据透视表是从数据库中生成的动态总结报告，其中数据库可以是工作表中的，也可以是其他外部文件中的。数据透视表用一种特殊的方式显示一般工作表的数据，能够更加直观、清晰地显示复杂的数据。

需要注意的是，并不是所有的数据都可以用于创建数据透视表，汇总的数据必须包含字段、数据记录和数据项。在创建数据透视表时一定要选择 WPS 表格能处理的数据库文件。

第二，在"数据透视表"窗格的下方有 4 个区域，名称分别为"筛选器""列""行""值"，分别代表数据透视表的 4 个区域。

对于数值字段，默认会进入"值"字段列表框中。对于文本字段，默认会进入"行"字段列表框中。如需改变默认的归类，需要手动拖曳字段。

第三，数据透视图是一个和数据透视表相链接的图表，它以图形的形式来展现数据透视表中的数据。数据透视图是一个交互式的图表，用户只需要改变数据透视图中的字段就可以实现不同数据的显示。当数据透视表中的数据发生变化时，数据透视图也将随之发生变化，当数据透视图改变时，数据透视表也将随之发生变化。以本任务中的数据透视表数据为例，数据透视图的创建操作如下。

（1）选中位于数据透视表的单元格，切换到"分析"选项卡，单击"数据透视图"按钮，如图 10-30 所示。

图10-30　单击"数据透视图"按钮

（2）在弹出的"插入图表"对话框中，选择"簇状柱形图"选项，如图 10-31 所示。

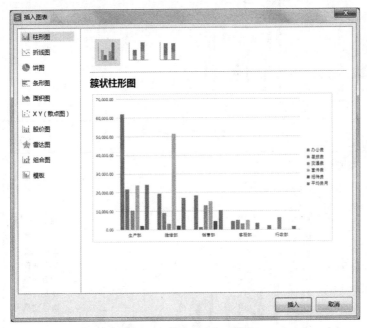

图10-31　"插入图表"对话框

（3）单击"确定"按钮，返回工作表，即可看到 WPS 表格根据数据透视表自动创建了数据透视图，如图 10-32 所示。

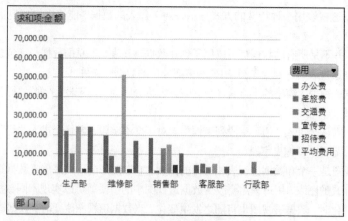

图10-32　创建完成的数据透视图

（4）单击数据透视图中的"部门"按钮，在弹出的下拉列表中取消勾选"客服部""维修部"复选框，如图 10-33 所示。单击"确定"按钮，即可看到数据透视图中显示了筛选出的信息，如图 10-34 所示。

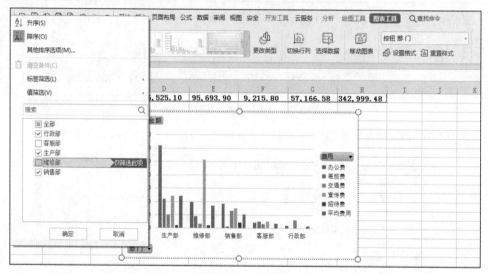

图10-33　设置筛选

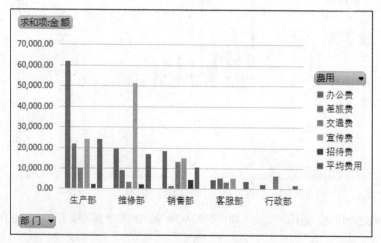

图10-34　设置筛选后的效果

第四，当数据透视表刷新后，外观改变或无法刷新时，处理的方法有两种：第一种是检查数据库的可用性，确保仍然可以连接外部数据库并能查看数据；第二种是检查源数据库的更改情况。

10.5 拓展练习

打开"员工销售业绩表"，进行以下操作。

（1）统计出不同产品按地点分类的销售数量、销售数量占总销售数量的百分比。

（2）为对应数据透视表应用一种样式。

（3）对应数据透视表中的数据按总销售数量降序排序，效果如图 10-35 所示。

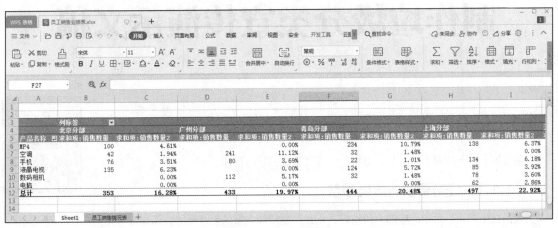

图10-35 完成后的效果

任务 11

制作垃圾分类宣传演示文稿

11.1 任务简介

微课：认识WPS
演示

通过展示任务的要求与效果，分析学生需要完成的学习目标。

11.1.1 任务要求与效果展示

人们在生产、生活中产生的大量垃圾，正在严重侵蚀大家的生存环境，而垃圾分类是实现垃圾减量化、资源化、无害化，避免"垃圾围城"的有效途径。本任务主要为某幼儿园制作垃圾分类宣传演示文稿。

题目：幼儿园垃圾分类宣传。

一、**什么是垃圾?**

垃圾是失去使用价值、无法利用的废弃物品，是物质循环的重要内容，是不被需要或无用的固体、流体物质。

比如小朋友吃不完的剩饭、剩菜，小朋友做手工时剩下的碎纸，妈妈做饭时剩下的菜叶，小朋友喝饮料和牛奶时剩下的盒子和瓶子……人的一生大约能制造40吨垃圾。

二、**认识垃圾分类标志**

什么是垃圾分类?

垃圾分类一般是指按一定规定或标准将垃圾分类存储、分类投放和分类搬运，从而将其转变成公共资源的一系列活动的总称。

分类的目的是提高垃圾的资源价值和经济价值，力争物尽其用。

认认四色桶。

蓝色的垃圾桶：负责回收再生利用价值高、能进入废品回收渠道的垃圾。

绿色的垃圾桶：负责回收厨房产生的食物类垃圾等。

红色的垃圾桶：负责回收有毒、有害化学物质的垃圾。

灰色的垃圾桶：除去可回收物、有害垃圾、厨余垃圾之外的所有垃圾。

三、**垃圾分类收集**

蓝色的垃圾桶：可回收物就放入这个可回收垃圾桶；可回收物主要包括废纸、塑料、玻璃、金属物和布料五大类。

➢ 废纸：主要包括期刊、图书、各种包装纸等。但是，要注意纸巾和厕所纸由于水溶性太强不可回收。

➢ 塑料：各种塑料袋、塑料泡沫、塑料包装（快递包装纸是其他垃圾/干垃圾）、一次性塑料餐盒/餐具、硬塑料、塑料牙刷、塑料杯子、矿泉水瓶等。

➢ 玻璃：主要包括各种玻璃瓶、碎玻璃片、暖瓶等（镜子是其他垃圾/干垃圾）。

➢ 金属物：主要包括易拉罐、罐头盒等。

➢ 布料: 主要包括废弃衣服、桌布、洗脸巾、书包、鞋等。

绿色的垃圾桶: 厨余垃圾就收集、放入这个垃圾桶。

➢ 厨余垃圾 (上海称湿垃圾)。

➢ 包括剩菜、剩饭、骨头、菜根、菜叶、果皮等废物。

红色的垃圾桶: 有害危险的垃圾就收集、放入这个垃圾桶。

有害垃圾含有对人体健康有害的重金属、有毒的物质或者会对环境造成现实危害或者潜在危害的废弃物, 包括电池、荧光灯管、灯泡、水银温度计、油漆桶、部分家电、过期药品及其容器、过期化妆品等。这些垃圾一般会被单独回收或填埋处理。

灰色的垃圾桶: 不能分类为可回收垃圾、有害垃圾及厨余垃圾的垃圾就收集、放入这个垃圾桶。

其他垃圾 (上海称干垃圾) 包括除上述几类垃圾之外的砖瓦陶瓷、渣土、卫生间废纸、纸巾等难以回收的废弃物及尘土、食品袋 (盒) 等。对其他垃圾采取卫生填埋可有效减少其他垃圾对地下水、地表水、土壤及空气的污染。

➢ 卫生纸: 厕纸、卫生纸一般遇水即溶, 不算可回收的 "纸张", 类似的还有烟盒等。

➢ 餐厨垃圾袋: 常用的塑料袋等。

➢ 果壳: 在垃圾分类中, "果壳瓜皮" 的标识就是花生壳, 其的确属于厨余垃圾。家里用剩的废弃食用油, 也归类为 "厨余垃圾"。

➢ 尘土: 在垃圾分类中, 尘土属于 "其他垃圾", 但残枝落叶属于 "厨余垃圾", 包括家里开败的鲜花等。

四、课堂小游戏

现在小朋友们来看看这些垃圾应该放在什么垃圾桶? 学习垃圾分类儿歌。

实现的任务效果如图 11-1 所示。

（a）封面页

（b）目录页

（c）内容页

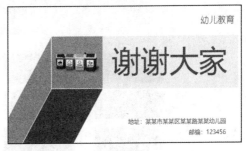

（d）封底页

图11-1 任务效果

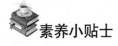素养小贴士

垃圾分类

垃圾分类的目的是提高垃圾的资源价值和经济价值, 减少垃圾处理量和处理设备的使用, 降低处理成本, 减少土地资源的消耗, 具有社会、经济、生态等方面的效益。

11.1.2 任务目标

本任务涉及的知识点主要有：逻辑设计、页面设置、插入文本框、插入图片、插入形状。

知识目标：

➤ 了解 WPS 演示文稿的逻辑设计思路；
➤ 了解 WPS 演示文稿各媒体元素的作用。

技能目标：

➤ 掌握 WPS 演示文稿的页面设置；
➤ 掌握插入文本及设置文本；
➤ 掌握插入图片与图文混排；
➤ 掌握插入形状及设置格式；
➤ 掌握图文混排的 CRAP 原则。

素养目标：

➤ 具备社会责任感和法律意识；
➤ 提高分析问题、解决问题的能力。

11.2 任务实现

本任务主要采用扁平化的设计，主要应用页面设置，插入与设置文本、图片、形状等元素，实现图文混排。

11.2.1 WPS 演示文稿框架策划

本任务框架结构采用树状的说明式框架结构，其特点为中规中矩、结构清晰，如图 11-2 所示。

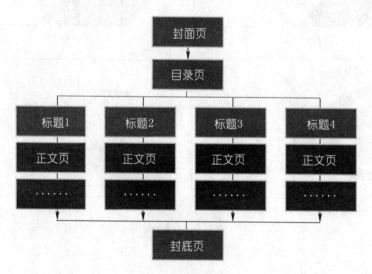

图11-2　说明式框架结构

11.2.2 WPS 演示文稿页面草图设计

本任务页面的草图设计如图 11-3 所示。

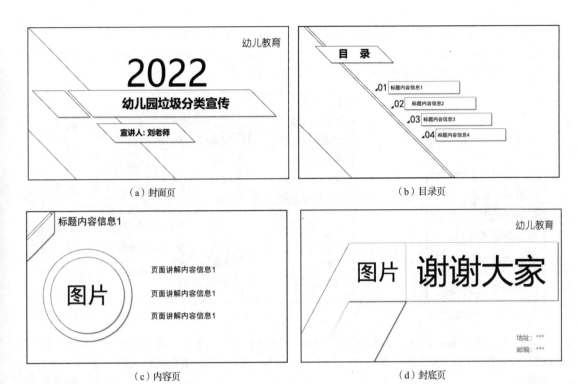

（a）封面页　　　　　　　　　　　　　　（b）目录页

（c）内容页　　　　　　　　　　　　　　（d）封底页

图11-3　页面草图设计

11.2.3　创建文件并设置幻灯片大小

单击"开始"按钮，在"开始"菜单中单击"WPS Office"→"WPS 演示"按钮，在打开的软件界面左侧的主导航栏中单击"新建"按钮即可创建一个空白演示文稿。WPS 演示工作界面如图 11-4 所示。

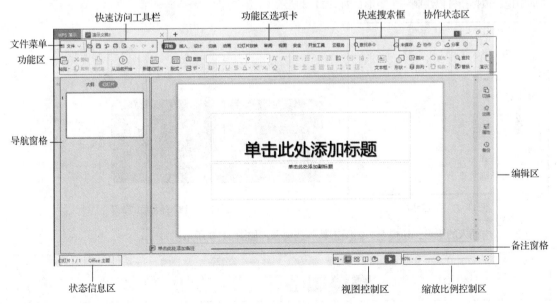

图11-4　WPS演示工作界面

在"快速访问工具栏"中，单击"保存"按钮，命名演示文稿即可保存。

单击"设计"选项卡中的"幻灯片大小"按钮，在弹出的下拉列表中，可以将幻灯片大小设置为标准（4:3）或宽屏（16:9），还可以设置"自定义大小"。选择"自定义大小"选项，如图11-5所示，在弹出的"页面设置"对话框中可以设置特殊尺寸的幻灯片，如图11-6所示。

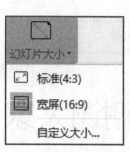

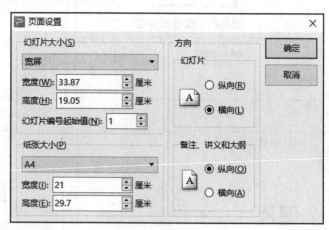

图11-5　设置"幻灯片大小"　　　　　　　　　图11-6　"页面设置"对话框

注意：根据展示具体情况来调整比例大小，例如，需要展示一块大的5:1的宽数字屏幕，则可以在"页面设置"对话框中，自定义宽度为50厘米、高度为10厘米，或者宽度为100厘米、高度为20厘米。

11.2.4　封面页的制作

依据图11-1（a）中"封面"的草图设计，插入形状并进行编辑，具体方法与步骤如下。

（1）单击"插入"选项卡中的"形状"按钮，选择"矩形栏"中的"矩形"选项，如图11-7所示，在页面中拖曳鼠标指针以绘制一个矩形，如图11-8所示。

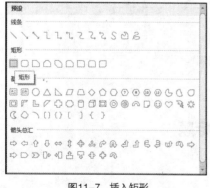

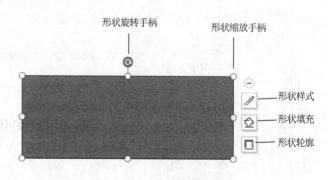

图11-7　插入矩形　　　　　　　　　　图11-8　插入矩形后的效果

（2）双击插入的矩形，切换至"绘图工具"选项卡，如图11-9所示。

图11-9　切换至"绘图工具"选项卡

（3）单击"填充"下拉按钮，打开"填充"下拉列表，如图11-10所示，选择标准色中的"绿色"，设置完成后的矩形效果如图 11-11 所示。

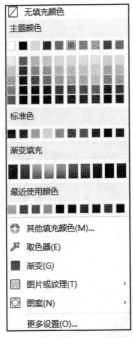

图11-10 "填充"下拉列表

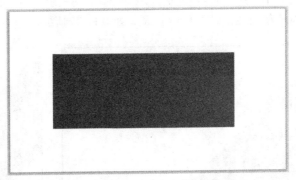

图11-11 填充后的矩形效果

（4）单击"轮廓"下拉按钮，其下拉列表与图 11-10 所示类似，选择"无线条颜色"选项，完成矩形边框的无颜色设置。

（5）选择刚绘制的矩形，单击灰色的"形状旋转手柄"按钮，顺时针旋转 45°，同时调整矩形的位置，效果如图 11-12 所示。

（6）单击"插入"选项卡中的"形状"按钮，选择"基本形状"中的"平行四边形"选项，在页面中拖曳鼠标指针以绘制一个平行四边形，填充为橙色，边框设置为"无线条颜色"，调整大小与位置，效果如图 11-13 所示。

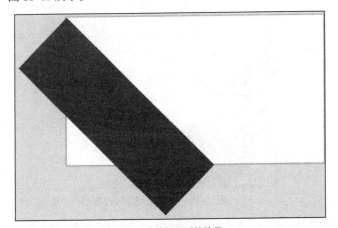

图11-12 旋转矩形后的效果

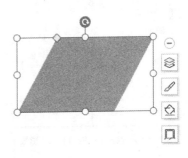

图11-13 调整平行四边形后的效果

（7）双击平行四边形，切换至"绘图工具"选项卡，单击"旋转"按钮，如图 11-14 所示，在弹出的下拉列表中，选择"水平翻转"选项，水平翻转后的平行四边形效果如图 11-15 所示。

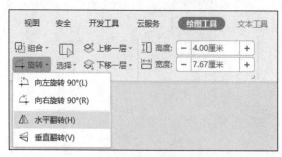

图11-14　选择"水平翻转"选项

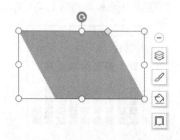

图11-15　水平翻转后的平行四边形效果

（8）调整橙色平行四边形的位置，如图 11-16 所示。采用同样的方法，在页面中再次绘制一个平行四边形，填充为浅灰色，调整大小与位置，如图 11-17 所示。

图11-16　调整后的橙色平行四边形

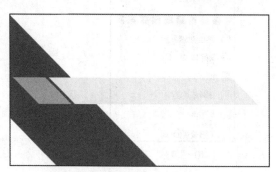

图11-17　插入灰色平行四边形后的效果

（9）双击灰色的平行四边形，切换至"绘图工具"选项卡，单击"形状效果"按钮，在弹出的下拉列表中选择"阴影"下的"右下斜偏移"选项，如图 11-18 所示，平行四边形设置阴影后的效果如图 11-19 所示。

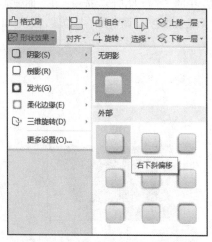

图11-18　设置平行四边形的阴影效果

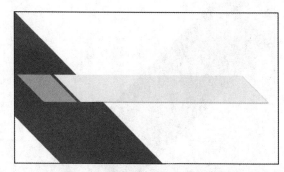

图11-19　平行四边形设置阴影后的效果

（10）在"插入"选项卡中，单击"文本框"下拉按钮，在弹出的下拉列表中选择"横向文本框"选项，如图 11-20 所示。此时鼠标指针会变成"+"形状，按住鼠标左键不放，拖曳鼠标即可绘制一个横向文本框。在其中输入"幼儿园垃圾分类宣传"，选中输入文本，在"开始"选项卡或者"文本工具"选项卡中，设置字体为"微软雅黑"，字号为"48"，字体加粗，文本颜色为绿色，如图 11-21 所示，设置后的效果如图 11-22 所示。

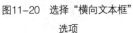

图11-20 选择"横向文本框"
选项

图11-21 设置文字的格式

图11-22 设置文字标题后的效果

（11）采用同样的方法，插入文本"2022"，在"开始"选项卡中设置字体为"黑体"，字号为"120"，文本颜色为绿色，效果如图 11-23 所示。

（12）复制一个平行四边形，插入新的文本"宣讲人：刘老师"，效果如图 11-24 所示。

图11-23 添加"2022"文本后的效果

图11-24 添加新的图形与文本后的效果

（13）插入文本"幼儿教育"，在"开始"选项卡中设置字体为"幼圆"，字号为"36"，文本颜色为绿色，效果如图 11-1（a）所示。

11.2.5 目录页的制作

微课：目录页的
制作

目录页设计与封面页设计相似，具体方法与步骤如下。

（1）复制封面页，删除多余内容，效果如图 11-12 所示，然后复制矩形，设置填充颜色为浅绿，效果如图 11-25 所示。选择复制的浅绿色矩形，单击鼠标右键，在打开的快捷菜单中选择"置于底层"命令，调整矩形的位置，效果如图 11-26 所示。

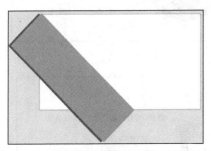

图11-25 复制矩形并设置填充颜色为浅绿的效果

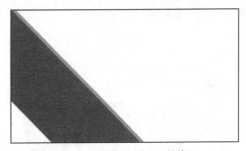

图11-26 调整矩形位置后的效果

（2）复制封面页中的浅灰色平行四边形，调整其大小与位置，插入文本"目录"，在"开始"选项卡中设置字体为"微软雅黑"，字号为"36"，文本颜色为绿色，效果如图 11-27 所示。

（3）打开"插入"选项卡，单击选项卡中"形状"按钮，选择"基本形状"中的"三角形"选项。在页面中拖曳鼠标指针以绘制一个三角形，填充为绿色，调整三角形的大小与位置。插入横向文本框，输入文本

"01"，设置字体为"黑体"，字号为"36"，颜色为绿色。单击选项卡中"形状"按钮，选择"基本形状"中的"矩形"选项，绘制矩形框，形状填充为绿色，调整其大小与位置，最后插入文本框，输入文本"什么是垃圾"，添加第一条目录内容后的效果如图 11-28 所示。

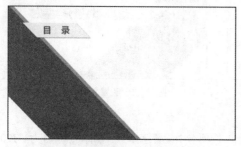

图11-27　添加"目录"标题后的效果

图11-28　添加第一条目录内容后的效果

（4）复制"什么是垃圾"内容，修改序号与目录内容，效果如图 11-1（b）所示。

微课：内容页的制作

11.2.6　内容页的制作

内容页主要包含 6 个方面，实现的页面效果如图 11-29 所示。

（a）内容页 1

（b）内容页 2

（c）内容页 3

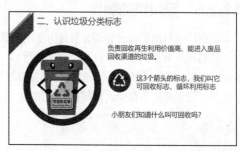

（d）内容页 4

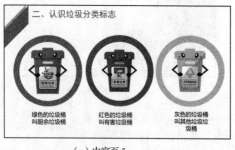

（e）内容页 5

（f）内容页 6

图11-29　内容页的最终实现效果

　　内容页中基本都使用了图形、文本的组合来完成设计，这与封面页与目录页相似。在图 11-29 中的 6 个页面中还运用了图片，下面以图 11-29（d）为例来介绍内容页的实现过程。

　　具体方法与步骤如下。

　　（1）单击"插入"选项卡中的"形状"按钮，选择"基本形状"中的"平行四边形"选项，在页面中拖曳鼠标指针以绘制一个平行四边形，填充为绿色，边框设置为"无线条颜色"，调整大小与位置。复制平行四边形，填充为浅绿。插入文本"二、认识垃圾分类标志"，在"开始"选项卡中设置字体为"微软雅黑"，字号为"36"，文本颜色为绿色，效果如图 11-30 所示。

　　（2）单击"插入"选项卡中的"形状"按钮，选择"基本形状"中的"椭圆"选项，按住<Shift>键在页面中拖曳鼠标指针以绘制一个圆形，填充为蓝色，边框设置为"无线条颜色"，效果如图 11-31 所示。

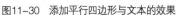

图11-30　添加平行四边形与文本的效果

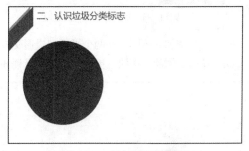

图11-31　添加圆形后的效果

　　（3）用同样的方法再绘制一个白色圆形，放置在蓝色圆形的上方。单击"插入"选项卡中的"图片"按钮，弹出"插入图片"对话框，插入"图片素材"文件夹中的"蓝色可回收垃圾桶.png"图片，如图 11-32 所示，调整图片大小与位置后，页面的效果如图 10-33 所示。

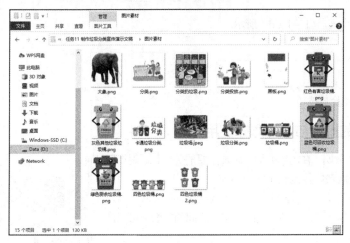

图11-32　插入图片

图11-33　插入图片后的效果

　　（4）其余的效果主要是插入图形与文字，在此不做赘述，页面的效果如图 11-29（d）所示。

11.2.7　封底页的制作

　　依据图 11-1（d），进行形状、图片与文字的混排。由于已经介绍了图形的插入、文字的设置、图片的插入在此只进行简单的步骤介绍。

　　（1）单击"插入"选项卡中的"形状"按钮，选择"基本形状"中的"平行四边形"选项，在页面中拖曳鼠标指针以绘制一个平行四边形，填充为绿色，边框设置为"无线条颜色"，复制平行四边形，填充为浅绿，如图 11-34 所示。

微课：封底页面的制作

（2）用同样的方法插入绿色的矩形，边框设置为"白色，背景 1"，再绘制一个浅灰色的矩形，如图 11-35 所示。

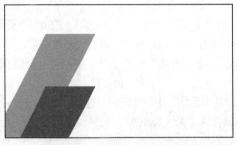

图11-34　插入两个平行四边形

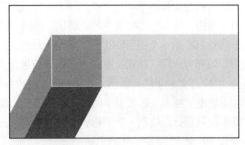

图11-35　插入绿色与灰色矩形

（3）为了增加立体感，在两个平行四边形交界的地方绘制白色的线条，如图 11-36 所示。

（4）单击"图片"按钮，插入"四色垃圾桶.png"，页面的效果如图 11-37 所示。

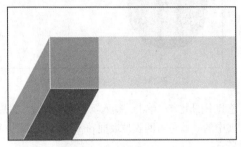

图11-36　白色线条的绘制

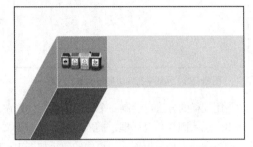

图11-37　插入四色垃圾桶图片后的效果

（5）插入其他文本内容，页面的效果如图 11-1（d）所示。

11.3　经验与技巧

下面介绍几个使用 WPS 演示时的经验与技巧。

11.3.1　WPS 演示文稿的排版与字体巧妙使用

WPS 演示文稿中文字的应用要主次分明。在内容方面，呈现主要的关键词、观点即可。在文字的排版方面，文字之间的行距最好控制在 125%~150%。

微课：演示文稿的排版
与字体巧妙使用

在西文的字体分类方法中将字体分为了两类：衬线字体和无衬线字体。实际上这对于汉字的字体分类也是适用的，但应该加入书法字体。同时，字体之间的组合，可以产生不同的效果。

（1）衬线字体。

衬线字体在笔画开始和结束的地方有额外的装饰，而且笔画的粗细有所不同。其文字细节较复杂，较注重文字与文字的搭配和区分，在纯文字的 WPS 演示文稿中表现较好。

常用的衬线字体有宋体、楷书、隶书、粗倩、粗宋、舒体、姚体、仿宋等，如图 11-38 所示。使用衬线字体作为页面标题字体，可以给人优雅、精致的感觉。

宋体　楷体　隶书　粗倩　粗宋　舒体　姚体　仿宋

图11-38　衬线字体

（2）无衬线字体。

无衬线字体的笔画没有装饰，笔画粗细接近，文字细节简洁，字与字的区分不是很明显。相对衬线字体的手写感，无衬线字体的人工设计感比较强，时尚而有力量，稳重而又不失现代感。无衬线字体更注重段落与段落、文字与图片的配合、区分，在图表类型 WPS 演示文稿中表现较好。

常用的无衬线体有黑体、微软雅黑、幼圆、综艺简体、汉真广标、细黑等，如图 11-39 所示。使用无衬线字体作为页面标题字体，可以给人简练、明快、爽朗的感觉。

图11-39 无衬线字体

（3）书法字体。

书法字体，就是书法风格的字体。传统书法字体主要有行书字体、草书字体、隶书字体、篆书字体和楷书字体 5 种，也就是 5 个大类。在每一大类中又细分若干小类，如篆书又分大篆、小篆，楷书又有魏碑、唐楷之分，草书又有章草、今草、狂草之分。

WPS 演示文稿常用的书法字体有苏新诗柳楷体、迷你简启体、迷你简祥隶、叶根友毛笔行书等，如图 11-40 所示。书法字体常被用在封面、封底，用来表达传统文化或富有艺术气息的内容。

图11-40 书法字体

（4）字体的经典搭配。

经典搭配 1：方正综艺体（标题）+微软雅黑（正文）。此搭配适合用于课题汇报、咨询报告、学术报告等正式场合，如图 11-41 所示。

方正综艺体有足够的分量，微软雅黑足够饱满，两者结合能让画面显得庄重、严谨。

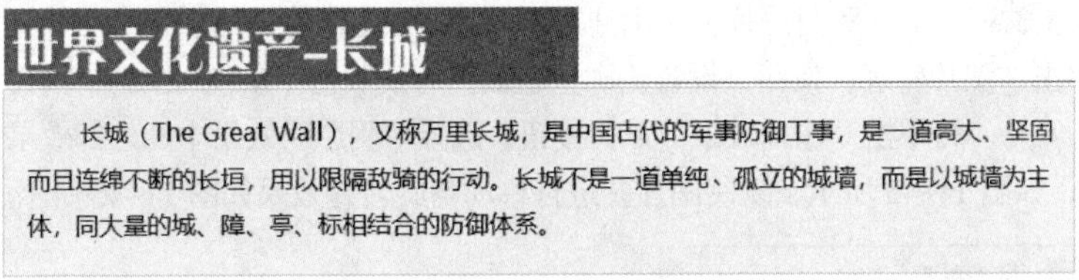

图11-41 方正综艺体（标题）+微软雅黑（正文）

经典搭配 2：方正粗宋简体（标题）+微软雅黑（正文）。此搭配适合使用在会议之类的严肃场合，如图 11-42 所示。

方正粗宋简体是会议场合常使用的字体，庄重严谨，铿锵有力，体现了威严与规矩。

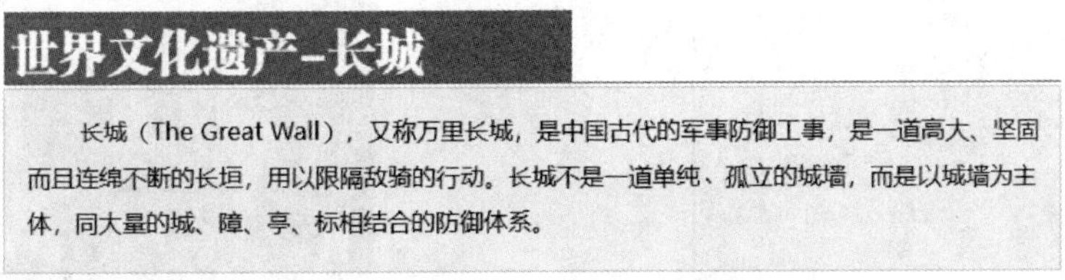

图11-42 方正粗宋简体（标题）+微软雅黑（正文）

经典搭配 3：方正粗倩简体（标题）+微软雅黑（正文）。此搭配适合使用在企业宣传、产品展示之类的场合，如图 11-43 所示。

方正粗倩简体不仅有分量，而且有几分温柔与洒脱，能让画面显得足够鲜活。

世界文化遗产-长城

长城（The Great Wall），又称万里长城，是中国古代的军事防御工事，是一道高大、坚固而且连绵不断的长垣，用以限隔敌骑的行动。长城不是一道单纯、孤立的城墙，而是以城墙为主体，同大量的城、障、亭、标相结合的防御体系。

图11-43　方正粗倩体（标题）+微软雅黑（正文）

经典搭配 4：方正稚艺简体（标题）+微软雅黑（正文）。此搭配适合用于儿童绘本介绍、漫画介绍、母婴产品介绍和零食包装介绍等场景，如图 11-44 所示。

方正稚艺简体简单、活泼，能增加画面的生动感。

世界文化遗产-长城

长城（The Great Wall），又称万里长城，是中国古代的军事防御工事，是一道高大、坚固而且连绵不断的长垣，用以限隔敌骑的行动。长城不是一道单纯、孤立的城墙，而是以城墙为主体，同大量的城、障、亭、标相结合的防御体系。

图11-44　方正稚艺简体（标题）+微软雅黑（正文）

此外，大家还可以使用微软雅黑（标题）+楷体（正文）、微软雅黑（标题）+宋体（正文）等搭配。

11.3.2　图片效果的应用

WPS 演示文稿有强大的图片处理功能，下面介绍其中一些。

（1）图片相框效果。

WPS 演示文稿在图片样式中提供了一些精美的相框，具体使用方法如下。

微课：图片效果的应用

打开 WPS 演示文稿，插入素材图片"黄山迎客松.jpg"，双击图像，然后在"图片工具"选项卡中，单击"图片轮廓"按钮，设置轮廓主题颜色为浅灰色（灰色 25%），再设置"边框粗细"为6磅。再单击"图片效果"下拉按钮，选择"阴影"效果中的外部效果为"右下斜偏移"，如图 11-45 所示，复制图片并进行移动与旋转，效果如图 11-46 所示。

图11-45　设置"阴影"效果

图11-46　设置阴影后的相框效果

（2）图片倒影效果。

图片的倒影效果是图片立体化的一种体现，运用倒影效果，可以给人更加强烈的视觉冲击。要设置倒影效果，插入素材图片"黄山迎客松.jpg"，双击图像，然后在"图片工具"选项卡中，单击"图片效果"按钮，选择下拉列表中"倒影"下的"紧密倒影，4pt 偏移量"选项，如图 11-47 所示，即可实现图片的倒影，效果如图 11-48 所示。

图11-47　设置"倒影"效果　　　　　　　　　　　　　　图11-48　倒影效果

对于细节，大家可以在单击"图片效果"按钮后弹出的下拉列表中选择"更多设置"选项进行设置，大家还可以双击图片，在"对象属性"窗格中的"效果"选项卡中进行具体设置。

（3）图片透视效果。

在素材（黄山迎客松.jpg）完成倒影效果的设置后，双击图片，在"图片工具"选项卡中，单击"图片效果"按钮，选择下拉列表中"三维旋转"中的"右透视"选项，如图 11-49 所示，即可实现图片的右透视，效果如图 11-50 所示。

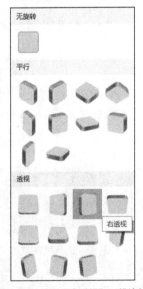

图11-49　设置"右透视"三维旋转　　　　　　　　　　图11-50　倒影后再设置右透视效果

（4）利用裁剪实现个性形状。

在 WPS 演示文稿中插入的图片的形状一般是矩形的，通过裁剪功能可以将图片更换成任意的自选形状，以适应多图排版。

　　双击素材图片"黄山迎客松.jpg"，单击"裁剪"下拉按钮，在"按比例裁剪"选项卡中，选择"1∶1"选项，如图 11-51 所示，即可将素材裁剪为正方形，如图 11-52 所示。

　　切换到"按形状裁剪"选项卡，选择"基本形状"下的"泪滴形"选项，如图 11-53 所示，裁剪后泪滴形的图片效果如图 11-54 所示。

图11-51　设置按"1∶1"比例裁剪

图11-52　裁剪后的正方形效果

图11-53　设置裁剪形状为"泪滴形"

图11-54　裁剪后泪滴形的图片效果

11.3.3　多图排列技巧

微课：多图排列
技巧

　　当一页 WPS 演示文稿中有天空与大地两张图片时，把天空图片放到大地图片的上方，这样更协调，如图 11-55 所示。当有两张大地的图片时，两张图片水平排列在同一直线上，则两张图片看起来就像一张图片一样，更加和谐，如图 11-56 所示。

大地在上，蓝天在下，不合常理　　　蓝天在上，大地在下，和谐自然

图11-55　天空在上、大地在下

地平线错开
视觉不协调

地平线一致
视觉更舒服

图11-56　两张大地图片在同一地平线上

对于多张人物图片，将人物的眼睛置于同一水平线上时看起来是很舒服的。这是因为在面对一个人时通常先看他的眼睛，当这些人物的眼睛处于同一水平线时，视线在多张图片间移动就是平稳流畅的，如图 11-57 所示。

图11-57　多个人物的眼睛在同一水平线上

另外，大家视线的移动实际是随着图片中人物视线的方向的，所以，处理好图片中人物与 WPS 演示文稿内容的位置关系非常重要，如图 11-58 所示。

图11-58　WPS演示文稿内容在人物视线的方向

对单个人物与文字排版时，人物的视线应指向文字，使用两幅人物图片时，两人视线相对，可以营造和谐的氛围。

11.3.4　WPS 演示文稿页面设计的 CRAP 原则

CRAP 是罗宾·威廉斯提出的页面基本设计原理，主要凝炼为 Contrast（对比）、Repetition（重复）、Alignment（对齐）、Proximity（亲密性）4 个基本原则。

下面运用页面设计的 CRAP 原则，原页面效果如图 11-59 所示。首先运用"方正粗宋简体（标题）+微软雅黑（正文）"的字体，效果如图 11-60 所示。

图11-59　原页面效果

图11-60　运用"方正粗宋简体（标题）+微软雅黑（正文）"后的效果

下面介绍 CRAP 原则并运用 CRAP 原则修改这个页面。

1. 亲密性

彼此相关的项应当靠近，使它们成为一个视觉单元，而不是散落的孤立元素，从而减少混乱。要有意识地注意读者（自己）是怎样阅读的，读者视线怎样移动，从而确定元素的位置。

目的：根本目的是实现元素的组织紧凑，使页面留白更美观。

实现：统计页面同类紧密相关的元素，依据逻辑的相关性，归组合并。

注意：不要只因为有页面留白就把元素放在角落或者中部，避免一个页面上有太多孤立的元素，不要在元素之间留置同样大小的空白，除非各组同属于一个子集，不属一组的元素之间不要建立紧凑的群组关系！

本页面优化：演示文稿文本包含 3 层意思，标题为"大规模开放在线课程"，其下包含两部分内容，即中国大学 MOOC（慕课）平台介绍、学堂在线平台介绍。根据"亲密性"原则，把相关联的信息互相靠近。注意，在调整内容时，标题"大规模开放在线课程"与"中国大学 MOOC（慕课）"，以及"中国大学 MOOC（慕课）"与"学堂在线"之间的间距要相等，而且间距一定要大，能让浏览者清楚地感觉到，这个页面分为 3 个部分，页面效果如图 11-61 所示。

2. 对齐

任何东西都不能在页面上随意摆放，每个素材都与页面上的另一个元素有某种视觉联系（例如并列关系），可创建一种清晰、精巧且清爽的外观。

目的：使页面统一而且有条理，不论创建精美的、正式的、有趣的还是严肃的外观，通常都可以利用一种明确的对齐方式来达到目的。

实现：要特别注意元素放在哪里，应当总能在页面上找出与之对齐的元素。

问题：要避免在页面上混合使用多种文本对齐方式，尽量避免居中对齐，除非有意创建一种比较正式、稳重的外观。

本页面优化：运用"对齐"原则，将"大规模开放在线课程""中国大学 MOOC（慕课）""学堂在线"内容对齐，将"中国大学 MOOC（慕课）""学堂在线"中的图片左对齐，将"中国大学 MOOC（慕课）""学堂在线"的内容左对齐，将图片与内容顶端对齐，最终实现清晰、精巧、清爽的外观，效果如图 11-62 所示。

图11-61　运用"亲密性"原则修改后的效果

图11-62　运用"对齐"原则修改后的效果

在实现对齐的过程中可以使用"视图"选项卡下"显示"功能组中的"标尺""网格线""参考线"来辅助对齐，例如图 11-62 中的虚线就是"参考线"。也可以使用"开始"选项卡下"绘图"功能组下的"排列"，实现元素的"左对齐""右对齐""左右居中""顶端对齐""底端对齐""上下居中"，此外，还可以利用"横向分布"与"纵向分布"实现各个元素的等间距分布。

3. 重复

当设计中的视觉要素在整个作品中重复出现时，可以重复使用颜色、形状、材质、空间关系、线宽、字体、大小和图片等，增加条理性。

目的：统一并增强视觉效果，如果一个作品看起来很统一，往往更易于阅读。

实现：为保持并增强页面的一致性，可以增加一些纯粹为建立重复而设计的元素；创建新的重复元素，来增强设计的效果并提高信息的清晰度。

问题：要避免太多地重复一个元素，要注意对比的价值。

本页面优化：将"大规模开放在线课程""中国大学 MOOC（慕课）""学堂在线"标题文本字体加粗，或者更换颜色；在两张图片左侧添加同样的"橙色"矩形；将两张图片的边框颜色修改为橙色；在"中国大学 MOOC（慕课）""学堂在线"同样的位置添加一条虚线；在"中国大学 MOOC（慕课）"与"学堂在线"文本前方添加图标，如图 11-63 所示。通过这些调整将"中国大学 MOOC（慕课）"与"学堂在线"的内容更加紧密地联系在了一起，很好地加强了版面的条理性与统一性。

4. 对比

在不同元素之间建立层级结构，能让页面元素具有截然不同的字体、颜色、大小、线宽、形状、空间等，从而增强版面的视觉效果。

目的：增强页面效果，有助于重要信息的突出。

实现：通过字体选择、线宽、颜色、形状、大小、空间等来增加对比；对比一定要强烈。

问题：避免容易犹豫，不敢加强对比，要注意加强对比，突出重要信息的价值。

本页面优化：将标题文字"大规模开放在线课程"再次放大；为标题增加色块，更换标题的文字颜色，例如修改为白色等。将"中国大学 MOOC（慕课）"中"平台特色："标题文本加粗，"学堂在线"中的"清华大学发起的精品中文慕课平台"也同理加粗；给"中国大学 MOOC（慕课）"中的内容添加"项目符号"，突出层次关系，同样给"学堂在线"的内容也添加同样的项目符号，如图 11-64 所示。

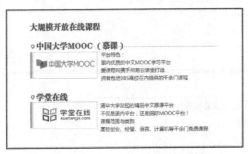

图11-63　运用"重复"原则修改后的效果

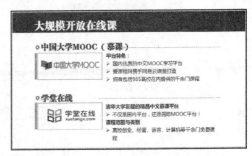

图11-64　运用"对比"原则修改后的效果

11.4　任务小结

本任务通过介绍一份垃圾分类宣传演示文稿的制作过程，讲解了页面设置，插入文本、图片、形状的步骤，并实现了想要的效果。

11.5　拓展练习

根据以下内容和本任务介绍的内容制作全新的演示文稿页面。

———————————————————————— 举例文章 ————————————————————————

标题：我国著名的儿童教育家——陈鹤琴。

陈鹤琴，是我国著名的儿童教育家。他于1923年创办了我国最早的幼儿教育实验中心——南京鼓楼幼稚园，提出了"活教育"理念，一生致力于探索中国化、平民化、科学化的幼儿教育道路。

一、反对半殖民地半封建的幼儿教育，提倡适合国情的中国化幼儿教育。

二、"活教育"理论主要有三大部分：目的论、课程论和方法论。

三、五指活动课程的建构。

四、重视幼儿园与家庭的合作。

———————————————————————— 结束 ————————————————————————

依据以上内容，制作完成的页面效果如图 11-65 所示。

（a）方案1　　　　　　　　　　　（b）方案2

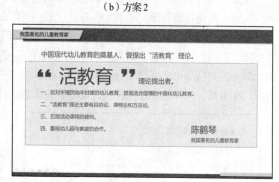

（c）方案3　　　　　　　　　　　（d）方案4

图11-65　依据内容完成的演示文稿效果

任务 12

制作创业宣传演示文稿

12.1 任务简介

通过展示任务的要求与效果，分析学生需要完成的学习目标。

12.1.1 任务要求与效果展示

易百米快递作为创业项目典型，创业人刘经理利用 WPS 演示文稿的母版功能与排版功能为企业制作了一个演示文稿，效果如图 12-1 所示。

（a）封面页效果

（b）目录页效果

（c）过渡页效果

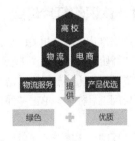

（d）内容页效果 1

图12-1 企业介绍页面效果

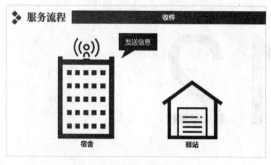

（e）内容页效果 2　　　　　　　　　　　　　　（f）封底页效果

图12-1　企业介绍页面效果（续）

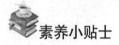素养小贴士

工匠精神

工匠精神是一种职业精神，它是职业道德、职业能力、职业品质的体现，是从业者的一种职业价值取向和行为表现。工匠精神的基本内涵包括敬业、精益、专注、创新等方面的内容。

12.1.2　任务目标

知识目标：

➤　了解母版的结构；

➤　了解母版的作用。

技能目标：

➤　掌握 WPS 演示文稿母版的使用方法；

➤　掌握封面页、目录页、过渡页、内容页、封底页的制作。

素养目标：

➤　提升创新创业意识；

➤　强化团队意识和团队协作精神。

12.2　任务实现

本任务主要使用了 WPS 中的幻灯片母版，结合图文混排来完成，具体内容如下。

12.2.1　认识幻灯片母版

要熟练使用幻灯片母版的相关内容，就要先认识什么是幻灯片母版（以下简称母版）。

（1）单击"开始"按钮，在"开始"菜单中单击"WPS Office"→"WPS 演示"按钮，在打开的软件界面左侧主导航栏中单击"新建"按钮即可创建一个空白演示文稿，在功能区左侧的快速访问工具栏中，单击"保存"按钮，以"创业任务-模板创建演示文稿.dps"为名保存文件。

微课：认识幻灯片
母版

（2）打开"视图"选项卡，然后单击"幻灯片母版"按钮，如图 12-2 所示。

（3）系统会自动切换到"幻灯片母版"选项卡，在 WPS 演示中提供了多种样式的母版，包括默认设计模板、标题幻灯片模板、标题与内容模板、节标题模板等，如图 12-3 所示。

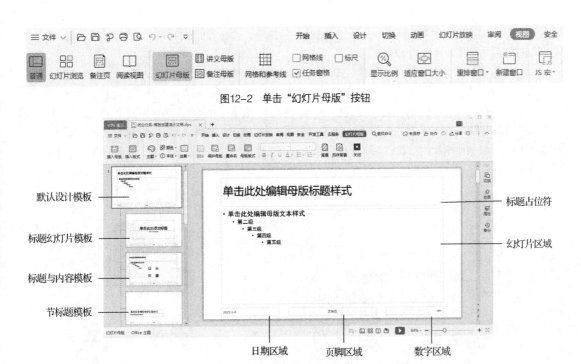

图12-2　单击"幻灯片母版"按钮

默认设计模板

标题幻灯片模板

标题与内容模板

节标题模板

标题占位符

幻灯片区域

日期区域　　页脚区域　　数字区域

图12-3　母版的基本结构

（4）选择默认设计模板，在"幻灯片区域"中单击鼠标右键，弹出快捷菜单，选择"设置背景格式"命令，如图12-4所示。弹出设置背景格式的"对象属性"窗格，选中"填充"栏下的"渐变填充"单选按钮，设置渐变类型为"线性"，方向为"线性向上"，角度为"270°"，渐变光圈为浅灰色向白色的过渡，如图12-5所示。此时，整个母版的背景色都是自上而下的白色到浅灰色的渐变色了。

图12-4　选择"设置背景格式"命令

图12-5　设置背景格式属性

12.2.2　封面页幻灯片模板的制作

封面页主要采用上下结构的布局，实现方式如下。

（1）选择标题幻灯片模板，在"幻灯片母版"选项卡中单击"背景"按钮，弹出设置背景格式的"对象属性"窗格，选中"填充"栏下的"图片或纹理填充"单选按钮。单击

微课：封面页幻灯片模板的制作

"图片填充"下拉按钮，在下拉列表中选择"本地文件"选项，选择素材文件夹中的"封面背景.jpg"，单击"打开"按钮后的页面效果如图 12-6 所示。

（2）单击"插入"选项卡中的"形状"按钮，选择"矩形"栏中的"矩形"选项，绘制一个矩形。双击矩形框，切换到"绘图工具"选项卡，单击"填充"下拉按钮，在下拉列表中选择"其他填充颜色"选项，弹出"颜色"对话框，填充为深蓝色（"红色"为 6，"绿色"为 81，"蓝色"为 146），如图 12-7 所示，单击"确定"按钮即可完成填充颜色的设置。单击"轮廓"下拉按钮，选择"无线条颜色"选项，页面效果如图 12-8 所示。复制刚刚绘制的蓝色矩形，然后修改其填充色为橙色，分别调整两个矩形的高度，页面效果如图 12-9 所示。

图12-6 添加背景图片后的效果

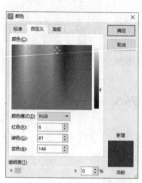

图12-7 "颜色"对话框

图12-8 插入蓝色矩形

图12-9 插入橙色矩形

（3）打开"插入"选项卡，单击"图片"按钮，弹出"插入图片"对话框，选择素材文件夹中的"手机.png"图片。用同样的方法插入"物流.png"图片，调整图片大小与位置后，页面的效果如图 12-10 所示。

（4）打开"插入"选项卡，单击"图片"按钮，弹出"插入图片"对话框，选择素材文件夹中的"logo.png"图片，调整图片的位置。在"插入"选项卡中，单击"文本框"下拉按钮，在弹出的下拉列表中选择"横向文本框"选项，插入文本"易百米快递"，设置字体为"方正粗宋简体"，字号为"44"。同样插入文本"百米驿站——生活物流平台"，设置字体为"微软雅黑"，字号为"24"，调整文本位置后页面效果如图 12-11 所示。

图12-10 插入两张图片

图12-11 插入logo与企业名称

（5）单击"单击此处添加标题"标题占位符，设置字体为"微软雅黑"，字号为"88"，加粗，文本颜色为深蓝色（"红色"为6，"绿色"为81，"蓝色"为146），文本左对齐。设置副标题样式，字体为"微软雅黑"，字号为"28"，文本颜色为白色，效果如图 12-12 所示。

（6）打开"插入"选项卡，单击"图片"按钮，弹出"插入图片"对话框，选择素材文件夹中的"电话.png"图片，调整图片的位置。单击"文本框"下拉按钮，在弹出的下拉列表中选择"横向文本框"选项，插入文本"全国服务热线：400-0000-000"，设置字体为"微软雅黑"，字号为"20"，文本颜色为白色，完成的封面页幻灯片模板制作效果如图 12-13 所示。

图12-12 修改标题占位符

图12-13 插入电话图片与电话号码

12.2.3 目录页幻灯片模板的制作

目录页主要用并列结构展示 3 个方面的内容，实现方式如下。

（1）选择标题与内容模板，删除所有占位符。单击"幻灯片母版"选项卡中的"背景"按钮，弹出设置背景格式的"对象属性"窗格，选中"填充"栏中的"图片或纹理填充"单选按钮，单击"图片填充"下拉按钮，选择"本地文件"选项，选择素材文件夹中的"过渡页背景.jpg"，单击"打开"按钮即可完成背景的更换。

微课：目录页幻灯片模板的制作

（2）单击"插入"选项卡中的"形状"按钮，选择"矩形"栏中的"矩形"选项，绘制一个矩形。双击矩形，切换到"绘图工具"选项卡，单击"填充"下拉按钮，在下拉列表中选择"其他填充颜色"选项，弹出"颜色"对话框，填充为深蓝色（"红色"为6，"绿色"为81，"蓝色"为146），将矩形放置在页面最下方，页面效果如图 12-14 所示。

（3）采用同样的方法，再绘制一个矩形，填充为深蓝色（"红色"为6，"绿色"为81，"蓝色"为146），设置轮廓为"无线条颜色"，使用插入文本的方法插入文本"C"，颜色为白色，字体为"Bodoni MT Black"，字号为"66"。插入文本"ontents"，颜色为深灰色，字体为"微软雅黑"，字号为"24"。继续插入文本"目录"，颜色为深灰色，字体为"微软雅黑"，字号为"44"，调整位置后的效果如图 12-15 所示。

图12-14 设置背景与蓝色矩形

图12-15 插入目录标题

（4）单击"插入"选项卡中的"形状"按钮，选择"泪滴形"选项，绘制一个泪滴形，填充为深蓝色（"红色"为6，"绿色"为81，"蓝色"为146），设置轮廓为"无线条颜色"，将图形对象顺时针旋转90°。单击"插入"选项卡，单击"图片"按钮，弹出"插入图片"对话框，选择素材文件夹中的"logo.png"图片，调整图片的位置，继续插入文本"项目介绍"，颜色为深灰色，字体为"微软雅黑"，字号为"40"，调整其位置后的效果如图 12-16 所示。

（5）复制刚刚绘制的泪滴形，修改填充颜色为浅绿，继续插入素材文件夹中的"图标1.png"，调整图片的位置。继续插入文本"服务流程"，颜色为深灰色，字体为"微软雅黑"，字号为"40"，调整其位置后的效果如图 12-17 所示。

图12-16　插入项目介绍

图12-17　插入服务流程

（6）继续复制刚刚绘制的泪滴形，修改填充颜色为橙色，继续插入素材文件夹中的"图标2.png"，调整图片的位置，插入文本"分析对策"，颜色设置为深灰色，字体为"微软雅黑"，字号为"40"，此时的效果如图 12-1（b）所示。

12.2.4　过渡页幻灯片模板的制作

过渡页幻灯片模板也称转场模板，主要使用在章节的封面，具体实现方式如下。

（1）选择节标题模板，删除所有占位符，打开"插入"选项卡，单击"图片"按钮，弹出"插入图片"对话框，选择素材文件夹中的"过渡页背景.jpg"图片，调整图片的位置，实现背景图的效果。

（2）单击"插入"选项卡中的"形状"按钮，选择"矩形"栏中的"矩形"选项，绘制一个矩形。双击矩形，切换到"绘图工具"选项卡，单击"填充"下拉按钮，在下拉列表中选择"其他填充颜色"选项，弹出"颜色"对话框，填充为深蓝色（"红色"为6，"绿色"为81，"蓝色"为146）。单击"轮廓"下拉按钮，选择"无线条颜色"选项，调整矩形的大小与位置，采用同样的方法绘制一个矩形，调整后页面效果如图 12-18 所示。

（3）使用插入图片的方法，分别插入素材文件夹中的图片"logo.png"和"合作.jpg"，调整图片的位置，页面效果如图 12-19 所示。

图12-18　插入矩形

图12-19　插入图片后的效果

（4）采用插入文本的方法分别插入"Part 1"和"项目介绍"文本，颜色为深灰色，字体为"微软雅黑"，字号自行调整，此时的效果如图 12-1（c）所示。

（5）复制过渡页，制作"服务流程"与"分析对策"两个过渡页。

12.2.5　内容页幻灯片模板的制作

内容页幻灯片模板主要用于设置幻灯片的具体内容，便于统一整体风格，具体实现方式如下。

（1）选择一个普通版式页面，例如"两栏内容版式"，删除除了"单击此处编辑母版标题样式"以外的其他占位符。单击"插入"选项卡中的"形状"按钮，选择"矩形"栏中的"矩形"选项，按<shift>键在页面中拖曳鼠标指针以绘制一个正方形，填充为深蓝色（"红色"为 6，"绿色"为 81，"蓝色"为 146），形状轮廓为"无线条颜色"，将图形对象顺时针旋转 45°，最后复制两个正方形，调整其大小与位置，页面效果如图 12-20 所示。

（2）选择"单击此处编辑母版标题样式"标题占位符，设置标题样式，字体为"方正粗宋简体"，字号为 36，颜色为深蓝色（"红色"为 6，"绿色"为 81，"蓝色"为 146），调整文本位置，页面效果如图 12-21 所示。

图12-20　插入内容页图标

图12-21　插入内容页标题样式

12.2.6　封底页幻灯片模板的制作

封底页幻灯片模板主要用于幻灯片的最后一页，用于表达感谢等信息，具体实现方式如下。

（1）选择一个普通版式页面，例如"比较 版式"，删除所有占位符，打开"插入"选项卡，单击"图片"按钮，弹出"插入图片"对话框，选择素材文件夹中的"商务合作.png"图片，调整图片的位置，实现背景图的效果如图 12-22 所示。

（2）将标题幻灯片模板中的 logo 与项目名称相关文字直接复制到封底页幻灯片模板中，调整位置后页面效果如图 12-23 所示。

图12-22　插入商务合作图片

图12-23　复制logo与项目名称

（3）使用插入文本的方法插入文本"谢谢观赏"，设置字体为"微软雅黑"，字号为"80"，颜色为"深蓝色"（"红色"为 6，"绿色"为 81，"蓝色"为 146）。在"文本工具"选项卡中单击"B"按钮设置文字加粗，单击"S"按钮设置文字阴影效果。

（4）使用插入图片的方法插入素材文件夹中的图片"电话2.png"，调整图片的位置，插入文本"全国服务热线：400-0000-000"，设置字体为"微软雅黑"，字号为"20"，颜色为"深蓝色"，此时的效果如图12-1（f）所示。

微课：模板的使用

12.2.7 模板的使用

模板制作完成后，就可以进行使用了，具体使用方式如下。

（1）切换至"幻灯片母版"选项卡，单击"关闭"按钮，从而实现关闭母版视图进入"普通视图"。选中占位符"单击此处添加标题"后，输入"创业案例介绍"，选中占位符"单击此处添加副标题"，输入"汇报人：刘经理"，此时页面效果如图12-1（a）所示。

（2）按<Enter>键，会创建一个新页面，默认情况下会应用模板中的目录页模板。

（3）继续按<Enter>键，仍然会创建一个新的页面，但仍然应用目录页模板。此时，在页面中单击鼠标右键，弹出快捷菜单，选择"幻灯片版式"命令，打开幻灯片版式列表，如图12-24所示，默认为"标题和内容"，选择"节标题"即可完成版式的修改。

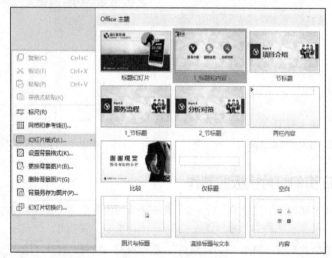

图12-24 版式的修改

（4）继续按<Enter>键，仍然会创建一个新的页面，但仍然应用"节标题"模板，此时继续在页面中单击鼠标右键，弹出快捷菜单，选择"幻灯片版式"命令，打开幻灯片版式列表，选择"两栏内容"模板。

（5）采用同样的方法即可实现本任务的所有页面，然后根据实际需要制作所需的页面即可，最终使用模板创建的页面效果如图12-25所示。

图12-25 使用模板创建的页面效果

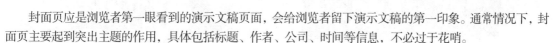

12.3　经验与技巧

下面介绍几个 WPS 演示中有关模板与排版的经验与技巧。

12.3.1　封面页设计技巧

封面页应是浏览者第一眼看到的演示文稿页面，会给浏览者留下演示文稿的第一印象。通常情况下，封面页主要起到突出主题的作用，具体包括标题、作者、公司、时间等信息，不必过于花哨。

演示文稿的封面页设计类型主要包含文本型或图文并茂型。

（1）文本型。

如果没有搜索到合适的图片，仅仅通过文字的排版也可以制作出效果不错的封面页，为了防止页面单调，可以使用渐变色作为封面页的背景，如图 12-26 所示。

（a）单色背景　　　　　　　　　　　　　　　（b）渐变色背景

图12-26　文本型单色与渐变色封面页

除了文本，也可以使用色块来衬托，凸显标题内容，注意在色块交接处使用线条，这样能使页面更加协调，如图 12-27 所示。

（a）色块作为背景　　　　　　　　　　　　　（b）彩色条分割

图12-27　使用色块与色条的文本型封面页

通常可以使用不规则图形来打破静态的布局，获得动感，如图 12-28 所示。

（a）不规则色块 1　　　　　　　　　　　　　（b）不规则色块 2

图12-28　使用不规则色块的文本型封面页

（2）图文并茂型。

图片，能使页面更加清晰，而小图能使画面比较聚焦，引起观众的注意。当然要求使用的图片一定要切题，这样能迅速吸引观众，能突出汇报的重点，如图12-29所示。

（a）小图与文本的搭配1　　　　　　　　　　　　　（b）小图与文本的搭配2

图12-29　小图与文本搭配的图文并茂型封面页

当然，也可以使用半图的方式来制作封面，具体方法是裁切一张大图，大图能够带来不错的视觉冲击力，因此没有必要使用复杂的图形装点页面，如图12-30所示。

（a）半图演示文稿的效果1　　　　　　　　　　　　（b）半图演示文稿的效果2

（c）半图演示文稿的效果3　　　　　　　　　　　　（d）半图演示文稿的效果4

图12-30　使用半图的图文并茂型封面页

最后介绍借助全图来制作封面页的方法。全图封面页就是指将图片铺满整个页面，然后把文本放置到图片上，重点是突出文本。可以修改图片的亮度，局部虚化图片；也可以在图片上添加半透明或者不透明的形状作为背景，使文字更加清晰。

依据以上提供的方法，制作的全图封面页如图12-31所示。

（a）全图演示文稿的效果1　　　　　　　　　　　　（b）全图演示文稿的效果2

图12-31　使用全图的图文并茂型封面页

（c）全图演示文稿的效果 3　　　　　　　　（d）全图演示文稿的效果 4

图12-31　使用全图的图文并茂型封面页（续）

12.3.2　导航系统设计技巧

微课：导航系统设计
技巧

　　演示文稿的导航系统的作用是展示演示的进度，使观众能清晰把握整个演示文稿的脉络，使演示者能清晰把握汇报的节奏。对于较短的演示文稿来讲，可以不设置导航系统，但认真设计内容是很重要的，要使演示的节奏紧凑、脉络清晰。对于较长的演示文稿，设计逻辑结构清晰的导航系统是很有必要的。

　　通常演示文稿的导航系统主要包括：目录页、过渡页等。

　　（1）目录页。

　　演示文稿目录页的设计目的是让观众全面、清晰地了解整个演示文稿的架构。因此，好的演示文稿要一目了然地将架构呈现出来。实现这一目的的核心就是让目录内容与逻辑图示高度融合。

　　传统的目录设计主要运用图形与文本的组合，如图 12-32 所示。

（a）图形与文字组合 1　　　　　　　　　（b）图形与文字组合 2

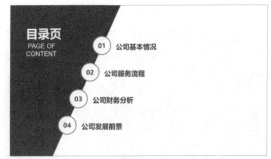

（c）图形与文字组合 3　　　　　　　　　（d）图形与文字组合 4

图12-32　图形与文本组合的传统目录

图文混合型的目录，主要采用一张图片配合一行文本的形式，如图 12-33 所示。

（a）图片与文字组合 1

（b）图片与文字组合 2

（c）图片与文字组合 3

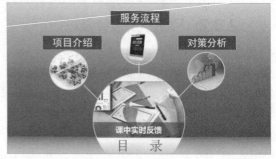

（d）图片与文字组合 4

图12-33　图片与文字组合的图文混合型目录

综合图片、图形、文本的特征，创新思路，将页面、色块、图片、图形等元素综合应用，可以制作更加丰富的目录页面，如图 12-34 所示。

（a）效果 1

（b）效果 2

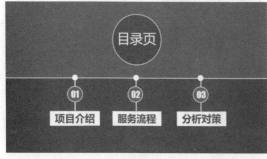

（c）效果 3

（d）效果 4

图12-34　综合型目录

（2）过渡页。

过渡页的核心目的在于提醒观众新的篇章开始，告知演示的进度，有助于观众集中注意力，起到承上启下的作用。

过渡页要尽量与目录页在颜色、字体、布局等方面保持一致，局部布局可以有所变化。如果过渡页与目录页一致的话，可以在页面的饱和度上体现变化，例如，当前演示的部分使用彩色，不演示的部分使用灰色，也可以独立设计过渡页，如图 12-35 所示。

（a）标题文字颜色的区分

（b）图片色彩的区分

（c）单独页面设计 1

（d）单独页面设计 2

图12-35　过渡页

（3）导航条。

导航条的主要作用在于让观众了解演示进度。较短的演示文稿一般不需要导航条，只有在较长的演示文稿需要导航条。导航条的放置位置非常灵活，可以放在页面的顶部，也可以放在页面的底部，还可以放到页面的两侧。

在表达方式方面，导航条可以使用文本、数字或者图片等元素表达，导航条的页面设计效果如图 12-36 所示。

（a）文本颜色衬托导航 1

（b）文本颜色衬托导航 2

图12-36　导航条

12.3.3　内容页设计技巧

微课：内容页设计
技巧

内容的结构包括标题与正文两个部分。标题栏是展示演示文稿标题的地方，通常放在固定的、醒目的位置，这样可以更直接、更准确地显示标题部分。正文部分通常占据主题页面的主要区域，用于展示具体的内容信息。

标题一定要简约、大气，最好能够具有设计感或商务风格，相同级别标题的字体和位置要保持一致。依据大家的浏览习惯，大多数的标题都放在页面的上方。内容区域是演示文稿中放置内容的区域，通常情况下，内容区域就是演示文稿本身。

标题的常规表达方法有图标提示、点式、线式、图形、图片与图形结合等，内容页设计效果如图 12-37 所示。

（a）图标提示　　　　　　　　　　　　　　（b）点式

（c）线式　　　　　　　　　　　　　　　　（d）图形

（e）图片与图形结合1　　　　　　　　　　（f）图片与图形结合2

图12-37　内容页

12.3.4　封底页设计技巧

微课：封底页设计
技巧

封底页通常用来表达感谢和保留作者信息，为了保持演示文稿整体风格统一，设计与制作封底页是有必要的。

封底页要和封面页保持风格一致，尤其是在颜色、字体、布局等方面，封底页使用的图片也要与演示文稿主题相符。如果觉得设计封底页太麻烦，可以在封面页的基础上进行修改，封底页的设计效果如图 12-38 所示。

（a）效果1　　　　　　　　　　　　　　　（b）效果2

图12-38　封底页

（c）效果3

（d）效果4

图12-38　封底页（续）

12.4　任务小结

通过易百米快递创业项目典型宣传演示文稿的制作，读者基本全面学习了关于模板的应用。模板对演示文稿来讲就是其外包装，一个演示文稿至少需要3个模板：封面页模板、目录页或过渡页模板、内容页模板。封面页模板主要用于演示文稿的封面，过渡页模板主要用于章节封面，内容页模板主要用于演示文稿的内容页面，此外可以加入封底页模板。其中封面页模板与内容页模板一般是必需的，而较短的演示文稿可以不设计过渡页模板。

12.5　拓展练习

于教授要申请市科学技术局的一个科技项目，项目标题为"公众参与生态文明建设利益导向机制的探究"，具体申报内容分为课题综述、目前现状、研究目标、研究过程、研究结论、参考文献等方面。现要求根据需求设计适合项目申报汇报的演示文稿模板。

根据项目需求设计的模板参考效果如图12-39所示。

（a）封面页

（b）目录页

（c）内容页1

（d）内容页2

图12-39　项目申报汇报的模板设计效果

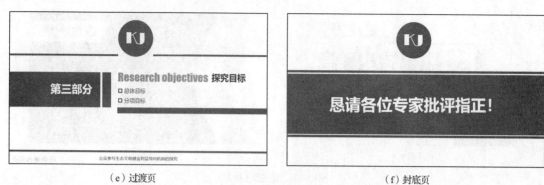

（e）过渡页　　　　　　　　　　　　　　（f）封底页

图12-39　项目申报汇报的模板设计效果（续）

任务 13

制作数据图表演示文稿

13.1 任务简介

通过展示任务的要求与效果，分析学生需要完成的学习目标。

13.1.1 任务要求与效果展示

汽车爱好者协会发布了 2021 年度的中国汽车行业数据，下面依据部分文本内容制作相关演示文稿。本任务文本参考素材文件夹"2021 年度中国汽车数据发布.docx"，核心内容如下。

任务标题：2021 年度中国汽车数据发布。

声明：不对数据准确性进行解释，仅供教学任务使用。

全国机动车的保有量到底有多少？其中私家车又有多少？据网络统计数据显示，截至 2021 年年底，全国机动车保有量达 3.95 亿辆左右，其中汽车 3.02 亿辆左右。表 13-1 显示了近 5 年的汽车保有量和机动车驾驶人数量。

表 13-1 近 5 年汽车保有量和机动车驾驶人数量

近 5 年	2017	2018	2019	2020	2021
汽车保有量/亿辆	3.10	3.27	3.48	3.72	3.95
机动车驾驶人/亿人	3.60	4.10	4.36	4.56	4.81

1. 私人轿车有多少？

2021 年全国机动车保有量为 3.95 亿辆左右，比 2020 年增加 2350 万辆左右，增长 6.32%左右。2021 年，私人轿车保有量为 2.43 亿辆左右，比 2020 年增加 1758 万辆左右。2020 年，全国居民每百户家用汽车拥有量为 37 辆左右，2021 年，全国平均每百户家庭拥有约 43 辆私人轿车。

2. 今年新增汽车多少？

2017 年年底，全国机动车保有量达 3.10 亿辆左右；2018 年年底，全国机动车保有量达 3.27 亿辆左右；2019 年年底，全国机动车保有量达 3.48 亿辆左右；2020 年年底，全国机动车保有量达 3.72 亿辆左右；2021 年年底，全国机动车保有量达 3.95 亿辆左右。2020 年，新注册登记的汽车达 2424 万辆左右，比 2019 年减少 153 万辆左右，下降 5.95%左右。2021 年，新注册登记的机动车达 3674 万辆左右，同比增长 10.38%左右。

3. 新能源车有多少？

2021 年新能源汽车保有量达 784 万辆左右，比 2020 年增加 292 万辆左右，增长 59.25%左右。其中，纯电动汽车保有量为 640 万辆左

右，比 2020 年增加 240 万辆左右，占新能源汽车总量的 81.63% 左右。2021 年全国新注册登记新能源汽车达 295 万辆左右，占新注册登记汽车总量的 11.25% 左右，比上年增加 178 万辆左右，增长 151.61% 左右。近 5 年来，新注册登记新能源汽车数量从 2017 年的 65 万辆左右增长到 2021 年的 295 万辆左右，呈高速增长态势。

4. 多少城市汽车保有量超百万？

截至 2020 年年底，北京、成都、重庆、苏州、上海、西安、武汉、深圳、东莞、天津、青岛、石家庄 13 市的汽车保有量超过 300 万辆。截至 2020 年年底，汽车保有量超过 300 万辆的城市如表 13-2 所示，2021 年的数据正在统计中。

表 13-2　汽车保有量超过 300 万辆的城市

城市	北京	成都	重庆	苏州	上海	郑州	西安	武汉	深圳	东莞	天津	青岛	石家庄
汽车保有量/万辆	603	545	504	443	440	403	373	366	353	341	329	314	301

5. 驾驶员有多少？

2021 年，全国机动车驾驶员数量达 4.81 亿人，其中汽车驾驶员达 4.44 亿人。新领证驾驶员有 2750 万人，同比增长 23.25%。从性别看，男驾驶员有 3.19 亿人，女驾驶员有 1.62 亿人，男女驾驶员比例为 1.97 : 1。

依据本任务设计，实现的页面效果如图 13-1 所示。

（a）封面页

（b）目录页

（c）过渡页

（d）内容页 1

（e）内容页 2

（f）封底页

图13-1　任务整体效果

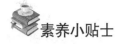素养小贴士

企业家精神

2020 年 7 月 21 日，习近平在企业家座谈会上的讲话指出：企业家要带领企业战胜当前的困难，走向更辉煌的未来，就要在爱国、创新、诚信、社会责任和国际视野等方面不断提升自己，努力成为新时代构建新发展格局、建设现代化经济体系、推动高质量发展的生力军。

13.1.2 任务目标

知识目标：
➤ 了解图表的分类与作用；
➤ 了解图表的使用方法。

技能目标：
➤ 能使用 WPS 演示中的表格来展示数据；
➤ 能使用 WPS 演示中的图形来展示数据；
➤ 掌握 WPS 演示中图表表达数据的方法与技巧。

素养目标：
➤ 提升分析问题、解决问题的能力；
➤ 提升自我学习的能力。

13.2 任务实现

本任务主要使用 WPS 演示中的图形与表格的表达方法、艺术字的设计与应用等，具体使用方法如下。

13.2.1 任务分析

从汽车爱好者协会的数据发布中，可以看出本任务主要想介绍如下 5 个方面的内容。

（1）私人轿车有多少？
（2）今年新增汽车多少？
（3）新能源车有多少？
（4）多少城市汽车保有量超百万？
（5）驾驶员有多少？

第一，"私人轿车有多少？"的结果可以采用图形绘制的方式呈现，例如，使用绘制小车图形，表达 2017～2021 汽车的数量变化。

第二，"今年新增汽车多少？"的结果可以采用图形与文本结合的方式呈现，例如，使用圆圈的大小表示数量的多少。

第三，"新能源车有多少？"的结果可以采用插入数据"图表"的方式表达，例如，新能源汽车保有量达 784 万辆左右，比 2020 年增加 292 万辆左右，增长 59.25%左右。其中，纯电动汽车保有量为 640 万辆左右，比 2020 年增加 240 万辆左右，占新能源汽车总量的 81.63%左右。

第四，"多少城市汽车保有量超百万？"的结果可以采用数据表格的方式表达，也可以采用数据图表的方式表达。

第五，对于"驾驶员有多少？"的结果，男女驾驶员的比例可以采用饼图来表达，也可以绘制圆形来表达。近 5 年机动车驾驶员数量情况可以采用人物的卡通图标来表达，例如采用身高的高低代表数量的多少等。

13.2.2 封面页与封底页的制作

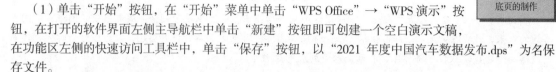

微课：封面页与封底页的制作

经过设计，封面页与封底页相似，选择汽车图片作为背景图片，然后在汽车图片左侧放置页面的标题、发布信息的单位。具体制作过程如下。

（1）单击"开始"按钮，在"开始"菜单中单击"WPS Office"→"WPS 演示"按钮，在打开的软件界面左侧主导航栏中单击"新建"按钮即可创建一个空白演示文稿，在功能区左侧的快速访问工具栏中，单击"保存"按钮，以"2021 年度中国汽车数据发布.dps"为名保存文件。

（2）打开"视图"选项卡，单击"幻灯片母版"按钮，系统会自动切换到"幻灯片母版"选项卡。单击"背景"按钮，弹出设置"对象属性"窗格，选中"填充"栏中的"纯色填充"单选按钮，单击"颜色"下拉按钮，选择"更多颜色"选项，设置自定义颜色为深蓝色（"红色"为 0，"绿色"为 35，"蓝色"为 116）。单击"关闭"按钮，关闭"幻灯片母版"选项卡。

（3）单击鼠标右键，选择"设置背景格式"命令，弹出"对象属性"窗格，选中"填充"栏中的"图片与纹理填充"单选按钮。单击"图片填充"下拉按钮，选择"本地文件"选项，选择素材文件夹中的"汽车背景.jpg"作为背景图片，设置背景图片后的效果如图 13-2 所示。

图13-2 设置背景图片后的效果

（4）在"插入"选项卡中，单击"文本框"下拉按钮，在弹出的下拉列表中选择"横向文本框"选项，拖曳鼠标指针即可绘制一个横向文本框。在其中输入"2021 年度中国汽车数据发布"，选中输入文本，在"开始"选项卡或者"文本工具"选项卡中，设置字体为"方正粗宋简体"，字号为"60"，文本颜色为白色。

（5）单击"插入"选项卡中的"形状"按钮，选择"矩形"栏中的"矩形"选项，在页面中拖曳鼠标指针以绘制一个矩形，填充为浅蓝，边框设置为"无线条颜色"选项矩形，单击鼠标右键，选择"编辑文字"命令，输入文本"发布单位"，设置文字为白色，字体为"微软雅黑"，字号为 20，水平居中对齐，插入文本与矩形后的效果如图 13-3 所示。

图13-3 插入文本与矩形后的效果

（6）复制刚刚绘制的矩形，设置填充颜色为蓝色，修改文本内容为"汽车爱好者协会"，调整其位置后，效果如图 13-1（a）所示。

（7）复制封面页，修改"2021 年度中国汽车数据发布"为"谢谢大家"，然后调整文本框位置，封底页就完成了，效果如图 13-1（f）所示。

13.2.3　目录页的制作

1. 目录页效果实现分析

目录页设计采用左右结构，左侧制作一个汽车的仪表盘，形象地体现汽车这个主体，右侧绘制图像，以反映要讲解的 5 个方面的内容，目录页示意如图 13-4 所示。

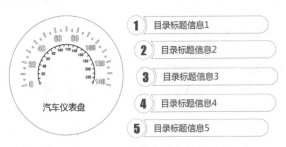

图13-4　目录页示意

2. 目录页左侧仪表盘制作过程

目录页左侧仪表盘的制作过程具体如下。

（1）单击"插入"选项卡中的"形状"按钮，选择"基本形状"中的"椭圆"选项，按住<shift>键在页面中拖曳鼠标指针以绘制一个圆形，填充为蓝色，边框设置为"无线条颜色"，调整圆形的大小与位置，如图 13-5 所示。

（2）打开"插入"选项卡，单击"图片"按钮，弹出"插入图片"对话框，选择素材文件夹中的"表盘1.png"图片，调整图片的大小与位置，如图 13-6 所示。

图13-5　插入圆形

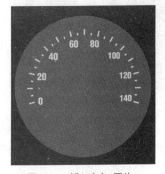

图13-6　插入表盘1图片

（3）继续插入"表盘 2.png"与"表针.png"图片，通过方向键调整两张图片的大小与位置，如图 13-7 所示。

（4）在"插入"选项卡中，单击"文本框"下拉按钮，在弹出的下拉列表中选择"横向文本框"选项，拖曳鼠标指针即可绘制一个横向文本框，在其中输入"目录"，设置字号为 40，字体为"幼圆"，颜色为蓝色。采用同样的方法插入文本"Contents"设置文本字号为 20，字体为"Arial"，颜色为浅蓝。继续复制文本"Contents"，修改文本为"MPH"；继续复制文本"Contents"，修改文本为"km/h"，字号为 14，插入表盘文本的效果如图 13-8 所示。

图13-7　插入表盘2与表针图片

图13-8　插入表盘文本的效果

3. 目录页右侧图形的制作过程

目录页右侧图形的制作过程具体如下。

（1）单击"插入"选项卡中的"形状"按钮，选择"基本形状"中的"椭圆"选项，按住<shift>键在页面中拖曳鼠标指针以绘制一个圆形，填充为蓝色，边框设置为"无线条颜色"，调整大小与位置，如图 13-9 所示。

（2）在"插入"选项卡中，单击"文本框"下拉按钮，在弹出的下拉列表中选择"横向文本框"选项，拖曳鼠标指针即可绘制一个横向文本框，在其中输入文本"1"，设置字号为 36，字体为"Impact"，颜色为深蓝色（"红色"为 0，"绿色"为 35，"蓝色"为 116）。把文本放置到蓝色的圆圈的上方，调整其位置与大小，如图 13-9 所示。

（3）选择蓝色圆形与文本，同时按住<Ctrl>与<Alt>键，拖曳鼠标指针即可复制图形与文本，修改文本内容，创建其他目录项目号，如图 13-10 所示。

图13-9　插入圆形与文本

图13-10　创建其他目录项目号

（4）按住<Shift>键，先选择蓝色圆形，再选择数字"1"，单击"绘图工具"选项卡下的"合并形状"按钮（见图 13-11），选择下拉列表中的"组合"选项（见图 13-12），即可完成数字与圆形的组合。依次选择其他圆形与数字，分别将其组合。

图13-11　单击"合并形状"按钮

图13-12　选择"组合"选项

（5）单击"插入"选项卡中的"形状"按钮，选择"基本形状"中的"椭圆"选项，按住<shift>键分别绘制一个白色的圆形和一个蓝色的圆形，再选择"矩形"选项，绘制一个矩形（注意：尽量绘制的矩形的高度与右侧圆形的直径一致），如图 13-13 所示。

（6）选择右侧的矩形与圆形，单击"绘图工具"选项卡下的"对齐"下拉按钮，选择"靠上对齐"选项，然后选择右侧圆形，使其水平向左移动与矩形重叠。先选择圆形，按住<shift>键，再选择矩形，如图 13-14 所示，单击"绘图工具"选项卡下的"合并形状"按钮，选择下拉列表中的"结合"选项，即可完成两个图形的结合，如图 13-15 所示。

（7）选择左侧的圆形与刚刚结合的图形，单击"绘图工具"选项卡下的"对齐"下拉按钮，选择"垂直居中"选项，选择左侧圆形，使其水平向右移动与矩形重叠，如图 13-16 所示。

图13-13　绘制所需的图形

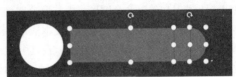

图13-14　选择矩形与右侧圆形

图13-15　两图形结合后的图形

图13-16　设置圆形与新图形的位置

（8）先选择结合后的图形，按住<shift>键，再选择左侧圆形，如图 13-17 所示，单击"绘图工具"选项卡下的"合并形状"按钮，选择下拉列表中的"剪除"选项，即可完成两个图形的剪除，效果如图 13-18 所示。

图13-17　选择两个图形

图13-18　剪除后的效果

（9）调整刚刚绘制图形的位置，在"插入"选项卡中，单击"文本框"下拉按钮，在弹出的下拉列表中选择"横向文本框"选项，拖曳鼠标指针即可绘制一个横向文本框。在其中输入文本"私人轿车有多少？"，设置字号为 26，字体为"微软雅黑"，颜色为白色，调整其位置，如图 13-19 所示。

（10）复制图形与文本框，替换其文本为"今年新增汽车多少？"，如图 13-20 所示。

图13-19　目录页的项目1

图13-20　修改文字后的目录

（11）依次复制修改其他文字内容，调整位置后的效果如图 13-1（b）所示。

13.2.4　过渡页的制作

本任务中共有 5 个过渡页，通常情况下过渡页的风格是相似的，在本任务中主要是在设置背景图片后，插入汽车的卡通图形，然后插入数字标题与每个模块的名称。具体制作过程如下。

（1）按<Enter>键，新建一个 WPS 幻灯片页面。

（2）打开"插入"选项卡，单击"图片"按钮，弹出"插入图片"对话框，选择素材文件夹中的"卡通汽车形象.png"图片，调整图片的大小与位置，如图 13-21 所示。

（3）单击"插入"选项卡中的"形状"按钮，选择"基本形状"中的"椭圆"选项，按住<shift>键在页面中拖曳鼠标指针以绘制一个圆形，填充为浅蓝，边框设置为"无线条颜色"，调整大小与位置。

（4）在"插入"选项卡中，单击"文本框"下拉按钮，在弹出的下拉列表中选择"横向文本框"选项，拖曳鼠标指针即可绘制一个横向文本框，在其中输入文本"1"，设置字号为 36，字体为"Impact"，颜色为深蓝色（"红色"为 0，"绿色"为 35，"蓝色"为 116），把文本放置到蓝色圆形的上方，调整其位置与大小，如图 13-22 所示。

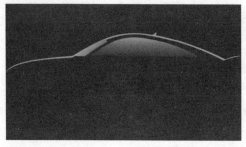

图13-21　插入卡通汽车形象

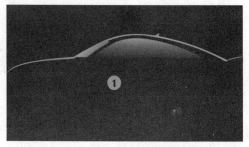

图13-22　插入数字标题

（5）在"插入"选项卡中，单击"文本框"下拉按钮，在弹出的下拉列表中选择"横向文本框"选项，拖曳鼠标指针即可绘制一个横向文本框。在其中输入文本"私家车到底有多少？"，选择文本，设置文本字号为 50，字体为"微软雅黑"，颜色为"浅蓝"，把文本放置到蓝色圆形的下方，调整其位置与大小，如图 13-1（c）所示。

依次复制"私人轿车有多少？"页面，通过修改相关文本来完成其他过渡页面的制作。

13.2.5　数据图表页面的制作

1. 内容页：私人轿车有多少？

内容信息： 2021 年全国机动车保有量为 3.95 亿辆左右，比 2020 年增加 2350 万辆左右，增长 6.32%左右。2021 年，私人轿车保有量为 2.43 亿辆左右，比 2020 年增加 1758 万辆左右。2020 年，全国居民每百户家用汽车拥有量为 37.1 辆左右，2021 年，全国平均每百户家庭拥有约 43 辆私人轿车。

本例可以用插入图片的方式来表达数量的变化，操作步骤如下。

（1）按<Enter>键，新建一个 WPS 幻灯片页面。

（2）打开"插入"选项卡，单击"图片"按钮，弹出"插入图片"对话框，选择素材文件夹中的"汽车轮子.png"图片，调整图片的大小与位置，如图 13-23 所示。

（3）在"插入"选项卡中，单击"文本框"下拉按钮，在弹出的下拉列表中选择"横向文本框"选项，拖曳鼠标指针即可绘制一个横向文本框，在其中输入文本"1.私人轿车有多少？"，选择文本，设置字号为"36"，字体为"微软雅黑"，颜色为"蓝色"，把文本放置到汽车轮子图片的右侧，调整其位置，如图 13-24 所示。

图13-23　插入图片

图13-24　插入标题文字

（4）打开"插入"选项卡，单击"图片"按钮，弹出"插入图片"对话框，选择素材文件夹中的"汽车1.png"图片，调整图片的大小与位置。复制出 7 辆汽车，设定第 1 辆与第 8 辆汽车的位置，单击"绘图工具"选项卡下的"对齐"下拉按钮，选择"横向分布"选项。继续在"插入"选项卡中，单击"文本框"下拉按钮，在弹出的下拉列表中选择"横向文本框"选项，拖曳鼠标指针即可绘制一个横向文本框，在其中输入文本"2020 年机动车保有量"，设置字体为"微软雅黑"，颜色为白色，字号为 32。复制文本，修改文本为"3.7 亿辆"，调整文本位置，效果如图 13-25 所示。

（5）采用同样的方法插入 2021 年汽车的数量，添加 9 辆汽车图片（汽车 2.png），效果如图 13-26所示。

图13-25　插入2020年的汽车数据信息效果

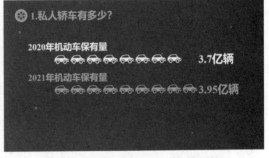

图13-26　插入2021年的汽车数据信息效果

（6）单击"插入"选项卡中的"形状"按钮，选择"基本形状"中的"直线"选项，按住<shift>键绘制一条水平直线，设置直线的样式为虚线，颜色为白色。继续在"插入"选项卡中，单击"文本框"下拉按钮，在弹出的下拉列表中选择"横向文本框"选项，拖曳鼠标指针即可绘制一个横向文本框，在其中输入相关文本，本页即可完成。

2. 内容页：今年新增汽车多少？

内容信息： 2017 年底，全国机动车保有量达 3.10 亿辆左右；2018 年底，全国机动车保有量达 3.27 亿辆左右；2019 年底，全国机动车保有量达 3.48 亿辆左右；2020 年底，全国机动车保有量达 3.72 亿辆左右；2021 年底，全国机动车保有量达 3.95 亿辆左右。2020年，新注册登记的汽车达 2424 万辆左右，比 2019 年减少 153 万辆左右，下降 5.95%左右。2021 年，新注册登记的机动车达 3674 万辆左右，同比增长 10.38%左右。

微课：图形表达数据表

这组数据仍然可以采用绘制图形的方式呈现，例如采用圆形的方式表达，圆形的大小表示数量的多少，可定性地反映数据变化。操作步骤如下。

（1）按<Enter>键，新建一个 WPS 幻灯片页面。

（2）单击"插入"选项卡中的"形状"按钮，选择"基本形状"中的"椭圆"选项，按住<shift>键在页面中拖曳鼠标指针绘制一个圆形，填充为蓝色，边框设置为"无线条颜色"，调整大小与位置。

（3）在"插入"选项卡中，单击"文本框"下拉按钮，在弹出的下拉列表中选择"横向文本框"选项，拖曳鼠标指针即可绘制一个横向文本框。在其中输入文本"2020年机动车保有量"，设置字号为32；复制文本，修改文本为"3.7亿辆"，调整文字位置，如图13-25所示。

（4）选择"插入"→"文本框"→"横向文本框"选项，输入文本"3.10亿辆"，选择文本，设置字号为32，字体为"微软雅黑"，颜色为"白色"，把文本放置到蓝色圆形的上方，调整其位置与大小，用同样的方法插入文本"2017年"，如图13-27所示。

（5）复制圆形，并使圆形逐渐放大，插入2018年、2019年、2020年、2021年的其他数据文本，如图13-28所示。

（6）继续在幻灯片中插入所需的文本内容与线条即可完成本页面。

图13-27　插入2017年的汽车数据

图13-28　插入连续5年的汽车数据

3. 内容页：新能源车有多少？

微课：数据图表的
使用

内容信息：2021年新能源汽车保有量达784万辆左右，比2020年增加292万辆左右，增长59.25%左右。其中，纯电动汽车保有量为640万辆左右，比2020年增加240万辆左右，占新能源汽车总量的81.63%左右。2021年全国新注册登记新能源汽车达295万辆左右，占新注册登记汽车总量的11.25%左右，比上年增加178万辆左右，增长151.61%左右。近5年，新注册登记新能源汽车数量从2017年的65万辆左右增长到2021年的295万辆左右，呈高速增长态势。

这里可以用插入柱状图的方式来表达数量的变化，操作步骤如下。

（1）按<Enter>键，新建一个WPS幻灯片页面。

（2）单击"插入"选项卡中的"图表"按钮，弹出"插入图表"对话框（见图13-29），选择"柱状图"图表类型，单击"插入"按钮，即可直接呈现柱状图，如图13-30所示。

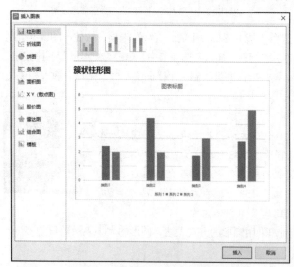

图13-29　"插入图表"对话框

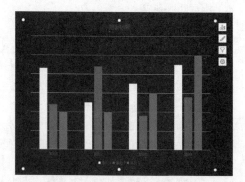

图13-30　插入的默认柱状图

（3）单击"图表工具"选项卡中的"编辑数据"按钮，弹出的表格如图13-31所示。修改表格中的具体数据，将横向"系列1"与"系列2"修改为"2020年"与"2021年"，删除"系列2"将第1列中的"类别 1"与"类别 2"修改为"新能源汽车"和"纯电动汽车",删除多余的"类别 3"与"类别 4",修改具体数据,如图 13-32 所示。

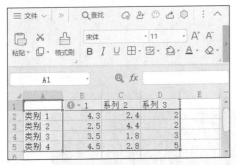

图13-31　弹出的表格

图13-32　修改表格数据

(4)关闭表格,数据图表变换为新的样式,如图 13-33 所示。选择插入的柱状图,双击标题,按<Delete>键删除标题。同样,双击水平网格线,将其删除,双击纵坐标轴,将其删除,如图 13-34 所示。

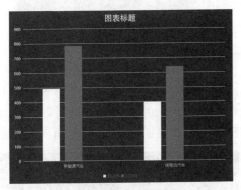

图13-33　修改后的数据图表

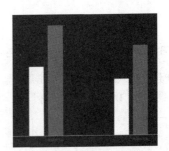

图13-34　编辑新的图表

(5)选择柱状图,单击"图标工具"选项卡中的"添加元素"按钮,选择弹出的下拉列表中"数据标签"下的"数据标签外"选项(见图 13-35),添加完成后图表中就会增加数据标签,分别选择标签内容,设置标签颜色为白色,如图 13-36 所示。

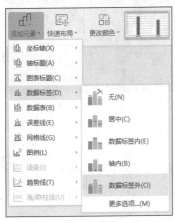

图13-35　添加数据标签

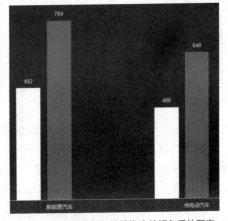

图13-36　添加数据标签并修改其颜色后的图表

(6)选择插入的柱状图,双击白色的 2020 年柱状,设置其填充颜色为"道奇蓝",线条(边框)颜色为白色(见图 13-37)。双击蓝色的 2020 年柱状,设置其线条颜色也为白色,效果如图 13-38 所示。

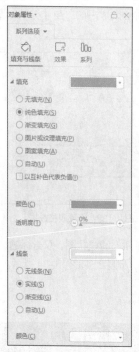

图13-37 设置柱状图颜色与边框颜色

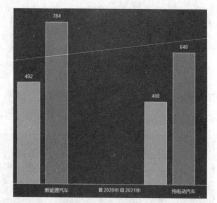

图13-38 设置柱状图颜色与边框颜色后的效果

（7）选择插入的柱状图，双击道奇蓝色的2020年柱状，在"对象属性"窗格中设置"系列选项"，设置"系列重叠"为"0%"，"分类间距"为"80%"（见图13-39），图表显示效果如图13-40所示。

图13-39 设置"系列选项"

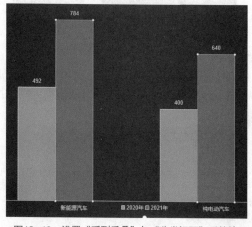

图13-40 设置"系列重叠"与"分类间距"后的效果

（8）添加文本"单位：万辆"，依次添加竖虚线与相关文本。

4. 内容页：多少城市汽车保有量超百万？

内容信息：截至2020年底，北京、成都、重庆、苏州、上海、西安、武汉、深圳、东莞、天津、青岛、石家庄13市的汽车保有量超过300万（见表13-3）。

微课：表格的使用

表13-3 汽车保有量超过300万辆的城市

汽车保有量超过300万辆的城市												
北京	成都	重庆	苏州	上海	郑州	西安	武汉	深圳	东莞	天津	青岛	石家庄
603	545	504	443	440	403	373	366	353	341	329	314	301

这里可以直接采用插入表格的方式来实现，插入表格后，设置表格的相关属性即可，具体方式如下。

（1）按<Enter>键，新建一个 WPS 幻灯片页面。

（2）单击"插入"选项卡中的"表格"按钮，选择"插入表格"选项，弹出"插入表格"对话框，设置行数为 2，列数为 14，如图 13-41 所示，单击"确定"按钮即可插入表格。双击表格，在"表格样式"选项卡中，单击"中度样式"按钮，表格将实现快速应用样式，插入表格并设置样式后的效果如图 13-42 所示。

图13-41 "插入表格"对话框

城市	北京	成都	重庆	苏州	上海	郑州	西安	武汉	深圳	东莞	天津	青岛	石家庄
数量/万辆	603	545	504	443	440	403	373	366	353	341	329	314	301

图13-42 插入表格并设置样式后的效果

（3）继续添加文本"数量：万辆"，设置文字颜色为白色，调整文字位置即可。

如果制作柱状图的话，方式与"新能源车有多少？"的方式类似，效果如图 13-43 类似。当然，大家也可以使用绘图的方式。

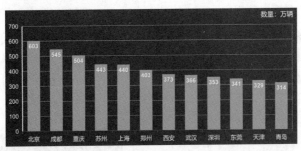

图13-43 插入柱状图的效果

5. 内容页：驾驶员有多少？

内容信息：2021 年，全国机动车驾驶员数量达 4.81 亿人左右，其中汽车驾驶员达 4.44 亿人左右。新领证驾驶员有 2750 万人左右，同比增长 23.25%左右。从性别看，男驾驶员有 3.19 亿人左右，女驾驶员有 1.62 亿人左右，男女驾驶员比例为 1.97：1。

这里重点反映了驾驶员中的男女比例，采用饼图表达的方式较好，制作步骤如下。

（1）按<Enter>键，新建一个 WPS 幻灯片页面。

（2）单击"插入"选项卡中的"图表"按钮，弹出"插入图表"对话框，选择"饼图"图表类型（见图 13-44），单击"插入"按钮，即可直接呈现饼图，如图 13-45 所示。

微课：饼状图的应用

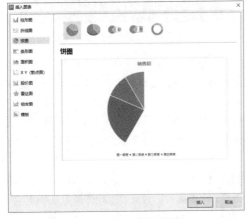

图13-44 "插入图表"对话框

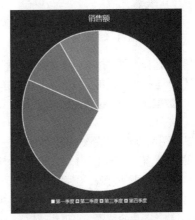

图13-45 插入的默认饼图

（3）单击"图表工具"选项卡中的"编辑数据"按钮，弹出表格，编辑表格数据，如图 13-46 所示。关闭编辑表格数据后的图表效果如图 13-47 所示。

图13-46　编辑表格数据

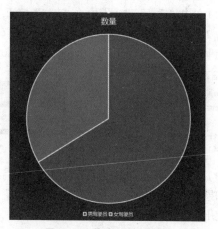

图13-47　修改后的饼图效果

（4）选择插入的饼图，单击鼠标右键，弹出快捷菜单，选择"设置数据点格式"命令，在"对象属性"的"系列"选项卡中设置"第一扇区起始角度"为 330°，"点爆炸型"为"2%"（见图 13-48），设置系列选项后的效果如图 13-49 所示。

图13-48　设置系列选项

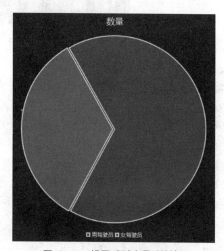

图13-49　设置系列选项后的效果

（5）选择标题，按<Delete>键将其删除，选择图例，将其删除。

（6）选择图表，单击"图标工具"选项卡中的"添加元素"按钮，选择弹出的下拉列表中"数据标签"下的"数据标签外"选项，即可实现显示图表标签。

（7）双击左侧蓝色图表标签，在"对象属性"的"标签"中勾选"类别名称""值""百分比""显示引导线""图例项标示"等复选框，设置"分隔符"为"分行符"，如图 13-50 所示，同样对右侧深蓝色标签进行同样的设置，效果如图 13-51 所示。

（8）为了更加直观，选择标签内容，设置字号为"18"。打开"插入"选项卡，单击"图片"按钮，弹出"插入图片"对话框，选择素材文件夹中的"男.png"图片，调整图片的位置。用同样的方法插入"女.png"图片，调整图片的位置，来更清晰地表达男驾驶员与女驾驶员，页面效果如图 13-1（e）所示。

图13-50　设置标签选项

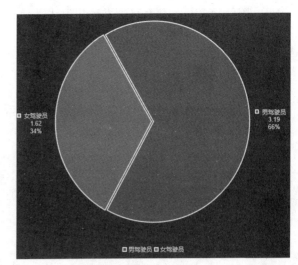

图13-51　设置标签选项后的效果

13.3　经验与技巧

下面介绍几个使用 WPS 演示时的经验与技巧。

13.3.1　表格的应用技巧

1. 表格的封面设计

运用表格的方式设计 WPS 演示的封面页的效果如图 13-52 所示。

（a）纯文本与边框线条的封面页设计

（b）线条与背景图结合文本的封面页设计

（c）线条与小背景图结合文本的封面页设计

（d）边框的封面页设计

图13-52　表格的封面页设计

这里主要运用了表格的颜色填充，并运用图片作为背景，对于图 13-52（b）的背景图片，需要选择表格，然后，单击鼠标右键，选择"设置对象格式"命令，在"设置对象格式"窗格中选择"图片或纹理填充"单选按钮，单击"图片填充"下拉列表中的"本地文件"选项，选择所需图片，最后选择"放置方式"下拉列表中的"平铺"选项。

2. 表格的目录设计

运用表格的方式设计 WPS 演示的目录页的效果如图 13-53 所示。

（a）左右结构的目录页设计 1

（b）左右结构的目录页设计 2

（c）上下结构的目录页设计 1

（d）上下结构的目录页设计 2

图 13-53　表格的目录页设计

3. 表格的常规设计

运用表格的方式可以进行 WPS 演示的内容页的常规设计，如图 13-54 所示。

岗位职责与要求	
研发工程师（储备干部）	技术销售（储备干部）
5名	5名
大专及以上学历，化工、高分子材料专业	大专及以上学历，化工、高分子材料专业
①参与公司新产品的立项、开发、验证、中试与产业化；②为试用新产品的客户提供技术服务；③参与产品售后服务，向客户解答产品相关的所有问题；④撰写专利，并获得授权。	①负责公司产品的销售及推广；②根据市场营销计划，完成部门销售指标；③开拓新市场，发展新客户，增加产品销售范围；④定期与合作客户进行沟通，建立良好的长期合作关系。

（a）数据的展示 1

图 13-54　表格的常规设计

岗位职责与要求			
岗位名称	人数	岗位要求	岗位职责
研发工程师 (储备干部)	5	大专及以上学历、化工、高分子材料专业	①参与公司新产品的立项、开发、验证、中试与产业化； ②为试用新产品的客户提供技术服务； ③参与产品售后服务，向客户解答产品相关的所有问题； ④撰写专利，并获得授权。
技术销售 (储备干部)	5	大专及以上学历、化工、高分子材料专业	①负责公司产品的销售及推广； ②根据市场营销计划，完成部门销售指标； ③开拓新市场，发展新客户，增加产品销售范围； ④定期与合作客户进行沟通，建立良好的长期合作关系。

（b）数据的展示2

研发工程师 （储备干部）		
人数	岗位要求	岗位职责
5	大专及以上学历，化工、高分子材料专业	①参与公司新产品的立项、开发、验证、中试与产业化； ②为试用新产品的客户提供技术服务； ③参与产品售后服务，向客户解答产品相关的所有问题； ④撰写专利，并获得授权。

技术销售 （储备干部）		
人数	岗位要求	岗位职责
5	大专及以上学历，化工、高分子材料专业	①负责公司产品的销售及推广； ②根据市场营销计划，完成部门销售指标； ③开拓新市场，发展新客户，增加产品销售范围； ④定期与合作客户进行沟通，建立良好的长期合作关系。

（c）表格的样式设计1

研发工程师 （储备干部）		
人数	岗位要求	岗位职责
5	大专及以上学历，化工、高分子材料专业	①参与公司新产品的立项、开发、验证、中试与产业化； ②为试用新产品的客户提供技术服务； ③参与产品售后服务，向客户解答产品相关的所有问题； ④撰写专利，并获得授权。

技术销售 （储备干部）		
人数	岗位要求	岗位职责
5	大专及以上学历，化工、高分子材料专业	①负责公司产品的销售及推广； ②根据市场营销计划，完成部门销售指标； ③开拓新市场，发展新客户，增加产品销售范围； ④定期与合作客户进行沟通，建立良好的长期合作关系。

（d）表格的样式设计2

图13-54　表格的常规设计（续）

13.3.2　绘制自选图形的技巧

在制作演示文稿的过程中，对于一些具有说明性的图形内容，用户可以在幻灯片中插入自选图形的内容，并根据需要对其进行编辑，从而使幻灯片实现图文并茂的效果。WPS演示提供的自选形状包括线条、矩形、基本形状、箭头总汇、公式形状、流程图、星与旗帜和标注等。下面以易百米快递的创业案例介绍为例，充分利用绘制自选图形来制作一套

微课：自定义形状的
绘制

模板，页面效果如图 13-55 所示。

（a）封面页　　　　　　　　　　　　　　　（b）目录页

（c）内容页　　　　　　　　　　　　　　　（d）封底页

图13-55　易百米快递的创业任务介绍图形绘制模板

对图 13-55 进行分析可知，其主要用了自选绘制图形，例如矩形、泪滴形、任意多边形等，还用了图形绘制的合并形状功能。

1. 绘制泪滴形

图 13-55 所示的封面页、内容页、封底页都使用了泪滴形，其具体绘制方式如下。

打开"插入"选项卡，单击选项卡中"形状"按钮，选择"基本形状"中的"泪滴形"选项，如图 13-56 所示，在页面中拖曳鼠标指针以绘制一个泪滴形，效果如图 13-57 所示。

图13-56　插入泪滴形

图13-57　插入泪滴形后的效果

选择绘制的泪滴形，设置图形的格式，对图形进行图片填充（素材文件夹下的"封面图片.jpg"），效果如图 13-58 所示。

WPS 演示封底页中的泪滴形的制作思路：选择绘制的泪滴形，将其旋转 90°，然后插入图片并放置在泪滴形的上方，效果如图 13-59 所示。

图13-58　封面页中的泪滴形效果　　　　　　　图13-59　封底页中的泪滴形效果

2. 图形的合并形状功能

图 13-55 所示的内容页的空心泪滴形的设计示意如图 13-60 所示。

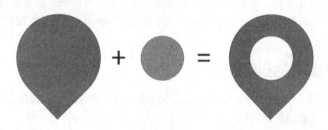

图13-60　空心泪滴形的设计示意

由图 13-60 所示图形的设计示意可知，先绘制一个泪滴形，然后绘制一个圆形，将圆形放置在泪滴形的上方，然后调整位置，使用鼠标先选择泪滴形，然后选择圆形，如图 13-61 所示。

打开"绘图工具"选项卡，单击"合并形状"按钮，选择"剪除"选项（见图 13-62），就可以完成空心泪滴形的绘制。

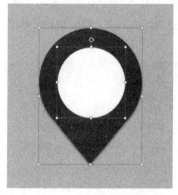

图13-61　选择绘制的两个图形

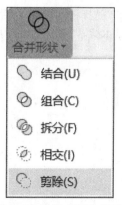

图13-62　选择"剪除"选项

此外，还可以练习使用形状结合、形状相交、形状组合等功能。

3. 绘制自选形状

图 13-55 所示的目录页主要使用了"任意多边形"（图 13-56 所示的线条栏中，倒数第 2 个选项）选项实现。选择"任意多边形"选项，依次绘制 4 个点，连接 4 个点，使所绘图形闭合后即可形成四边形，如图 13-63 所示。按照此方法即可完成目录页中图形的绘制，效果如图 13-64 所示。

图13-63 绘制任意多边形   图13-64 绘制的立体图形效果

在幻灯片中绘制图形完成后，大家还可以在所绘制的图形中添加一些文字进行说明，进而诠释当前幻灯片的含义。

4. 设置叠放次序

在幻灯片中插入多张图片后，用户可以根据排版的需要，对图片的叠放次序进行设置。可以选择相应的对象，单击鼠标右键，在弹出的快捷菜单中选择"置于底层"命令，如果要实现置顶就选择"置于顶层"命令。

13.3.3 智能图形的应用技巧

智能图形是信息和观点的视觉表示形式，通过不同形式和布局的图形代替枯燥的文字，从而快速、轻松、有效地传达信息。

微课：智能图形的
应用技巧

智能图形在幻灯片中有两种插入方法：一种是直接在"插入"选项卡中单击"智能图形"按钮；另一种是先用文字占位符或文本框将文字输入完成，然后利用转换的方法将文字转换成智能图形。

下面以绘制一张循环图为例来介绍如何直接插入智能图形。

（1）打开需要插入智能图形的幻灯片，切换到"插入"选项卡，单击"智能图形"按钮，如图 13-65 所示。

（2）弹出"选择智能图形"对话框，在其左侧列表中选择"循环"，在右侧列表框中选择一种图形样式，这里选择"基本循环"图形，如图 13-66 所示，完成后单击"确定"按钮，插入后的"基本循环"图形如图 13-67 所示。

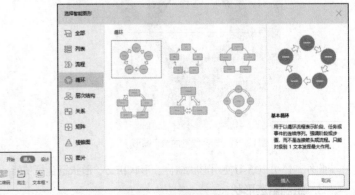

图13-65 单击"智能图形"按钮   图13-66 "选择智能图形"对话框

注意：智能图形包括"列表""流程""循环""层次结构""关系"和"棱锥图"等多种类型。

（3）幻灯片中将生成一个结构图，结构图默认由 5 个形状对象组成，大家可以根据实际需要进行调整。

如果要删除形状，在选中某个形状后按<Delete>键即可。如果要添加形状，则在某个形状上单击鼠标右键，在弹出的快捷菜单中选择"添加形状"级联菜单下的"在后面添加形状"命令即可。

（4）设置好智能图形的结构后，接下来在每个形状对象中输入相应的文字，最终效果如图 13-68 所示。

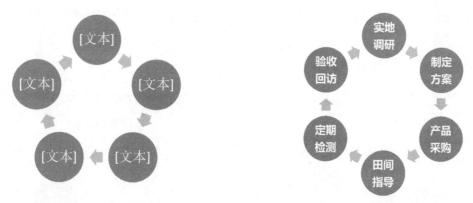

图13-67　插入后的"基本循环"图形　　　　　　图13-68　修改文本信息后的智能图形的效果

13.4　任务小结

通过制作 2021 年度的中国汽车行业数据演示文稿，读者学习了如何在 WPS 演示中制作图表和编辑图表、插入表格等的操作，掌握了关于数据统计的操作与应用。

13.5　拓展练习

根据拓展练习文件夹中"降低护士 24 小时出入量统计错误发生率.docx"中的内容，结合 WPS 演示的图表制作技巧与方法设计并制作 WPS 演示文稿。

部分内容节选如下。

降低护士 24 小时出入量统计错误发生率

2020 年 12 月成立"意扬圈"，成员人数为 8，平均年龄为 35 岁，圈长为沈*霖，辅导员为唐*凤，如表 13-4 所示。

表 13-4　"意扬圈"成员情况

圈内职务	姓名	年龄	资历	学历	职务	主要工作内容
辅导员	唐*凤	52	34	本科	护理部主任	指导
圈长	沈*霖	34	16	硕士	护理部副主任	分配任务、安排活动
副圈长	王*惠	45	25	本科	妇产大科护士长	组织圈员活动
圈员	仓*红	34	18	本科	骨科护士长	整理资料
	李*娟	40	21	本科	血液科护士长、江苏省肿瘤专科护士	幻灯片制作
	罗*引	31	11	本科	神经外科护士长、江苏省神经外科专科护士	整理资料、数据统计
	席*卫	28	8	本科	泌尿外科护士	采集资料
	杨*侠	37	18	本科	消化内科护士、江苏省消化科专科护士	采集资料

目标值的设定：2021 年 4 月前，24 小时出入量记录错误发生率由 32.50%下降到 12.00%。

根据以上内容制作的页面效果如图 13-69 所示。

（a）封面页

（b）圈员组成页 1

（c）圈员组成页 2

（d）目标值的设定页

图13-69   WPS演示文稿页面效果

任务 14

制作敬业宣传动画演示文稿

14.1 任务简介

通过展示任务的要求与效果，分析学生需要完成的学习目标。

14.1.1 任务要求与效果展示

敬业是一个人对自己所从事的工作等负责的态度。道德是由人们在不同的集体中，为了人们的集体利益而约定组成的，是应该做什么和不应该做什么的行为规范。所以，敬业就是人们在某集体工作及学习中，严格遵守职业道德的工作及学习态度。

中华民族历来遵循"敬业乐群、忠于职守"的传统，敬业是中华民族的传统美德，也属于当今社会主义核心价值观。本任务利用 WPS 演示的动画功能，制作一个关于敬业的宣传动画，效果如图 14-1 所示。

（a）动画场景1　　　　　　　　　　　　　　（b）动画场景2

图14-1　敬业宣传动画效果

 素养小贴士

社会主义核心价值观——敬业

敬业是对公民职业行为准则的价值评价，要求公民忠于职守、克己奉公、服务人民、服务社会，充分体现了社会主义职业精神。

14.1.2　任务目标

知识目标：

➢ 了解动画的概念与作用；

➢ 了解动画的原理与使用原则。

技能目标：

➢ 掌握 WPS 演示演示中动画的使用；

➢ 掌握在 WPS 演示演示中插入音视频多媒体的方法；

➢ 掌握在 WPS 演示演示中将动画导出为视频的方法。

素养目标：

➢ 提升创新意识；

➢ 提高分析问题、解决问题的能力。

14.2　任务实现

本任务主要实现路径的动画、多媒体元素（例如音频以及视频）的输出等。

14.2.1　插入文本、图片、背景音乐相关元素

微课：插入文本、图片、背景音乐相关元素

利用插入文本、图形、图片等元素的方法插入相关元素，具体步骤如下。

（1）在幻灯片编辑区单击鼠标右键，选择"设置背景格式"命令，在"对象属性"窗格中选中"填充"栏中的"图片或纹理填充"单选按钮，单击"图片填充"下拉按钮，选择"本地文件"选项，选择素材文件夹中的"橙色背景.jpg"。

（2）切换至"插入"选项卡，单击"图片"按钮，弹出"插入图片"对话框，选择素材文件夹中的"敬业篆刻.png"图片。用同样的方法插入图片"光线.png"，调整两张图片的位置，效果如图 14-2 所示。

（3）切换至"插入"选项卡，单击"形状"按钮，选择"线条"中的"直线"选项，在页面中拖曳鼠标指针绘制一条直线。设置直线颜色为白色，复制一条刚刚绘制的直线，调整其位置，效果如图 14-3 所示。

图14-2　设置背景与插入两张图片的效果

图14-3　插入两条直线的效果

（4）在"插入"选项卡中，单击"文本框"下拉按钮，在弹出的下拉列表中选择"横向文本框"选项，此时鼠标指针会变成"+"形状，拖曳鼠标指针即可绘制一个横向文本框。在其中输入"敬业乐群 忠于职守"，设置字体为"幼圆"，字号为"53"，文本颜色为白色。

（5）在"插入"选项卡中，单击"音频"下拉按钮（见图 14-4），在弹出的下拉列表中选择"嵌入音频"选项，弹出"插入音频"对话框，选择素材文件夹中的"背景音乐.wav"，调整所有插入元素的位置，效果如图 14-5 所示。

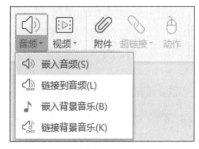

图14-4　"嵌入音频"选项　　　　　　　　图14-5　插入图片、文本、音乐后的效果

（6）双击编辑区的"音频"按钮，在"音频工具"选项卡中，将音频触发方式由默认的"单击"修改为"自动"，如图 14-6 所示。

图14-6　设置音频触发方式

14.2.2　动画的构思设计

依据图 14-5 中的元素，构思各个元素的入场动画及其顺序，同时播放背景音乐，动画的构思设计示意如图 14-7 所示。

图14-7　动画的构思设计示意

14.2.3　制作入场动画

微课：制作入场动画

依据动画的构思设计示意，制作各个元素的入场动画，具体步骤如下。

（1）选择图片"敬业篆刻.png"，切换至"动画"选项卡，选择进入动画中的"回旋"动画，如图 14-8 所示。

图14-8　选择"回旋"动画

（2）选择"星光.png"图片，切换至"动画"选项卡，选择进入动画中的"出现"动画，然后单击"自定义动画"按钮，软件界面右侧显示"自定义动画"窗格（见图14-9）。单击"添加效果"下拉按钮，添加"动作路径"栏中的"圆形扩展"动画，如图14-10所示，添加完成后路径在幻灯片上的效果如图14-11所示。

（3）选择图14-11中星光图像周围虚线空心圆点，调整路径与"敬业篆刻.png"的圆形大小基本一致，将路径的起止点调整到"星光.png"的位置，如图14-12所示。

图14-9　自定义动画窗格

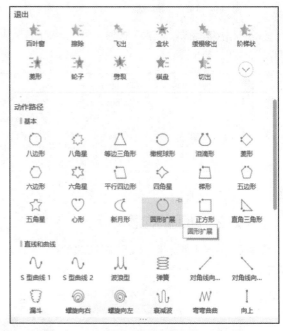

图14-10　添加"圆形扩展"路径动画

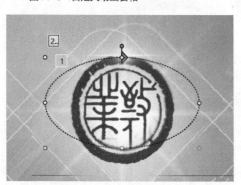

图14-11　星光路径效果

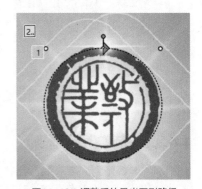

图14-12　调整后的星光圆形路径

（4）在"自定义动画"窗格中，将"敬业篆刻"动画触发方式的"开始"由"单击时"修改为"之前"，如图14-13所示。

（5）同样将"星光"的进入动画触发方式的"开始"由"单击时"修改为"之前"，双击"星光"的进入动画（或者单击鼠标右键，选择"计时"命令），弹出"出现"对话框，在"计时"选项卡中设置延迟为0.5秒，如图14-14所示。

（6）在"自定义动画"窗格中，将"星光"的路径动画触发方式的"开始"由"单击时"修改为"之前"。

图14-13 设置中心图标动画触发方式的"开始"为"之前"　　　　图14-14 设置星光进入动画延迟0.5秒

（7）在"自定义动画"窗格中，继续选择"星光.png"图片，单击"添加效果"下拉按钮，添加"退出"栏中的"消失"动画。在"自定义动画"窗格中设置"消失"动画的触发方式为"之前"，双击"星光"的退出动画（或者单击鼠标右键，选择"计时"命令），弹出"出现"对话框，在"计时"选项卡中设置延迟为2.5秒。

（8）在"自定义动画"窗格中，继续选择"星光.png"图片，单击"添加效果"下拉按钮，添加"强调"栏中的"放大/缩小"动画。在"自定义动画"窗格中设置"放大/缩小"动画的触发方式为"之前"，尺寸为"400%"，速度为"非常快"，如图14-15所示。

（9）双击"星光"的放大/缩小动画（或者单击鼠标右键，选择"计时"命令），弹出"出现"对话框，在"计时"选项卡中设置延迟为2.0秒，如图14-16所示。

图14-15 设置星光的放大/缩小动画　　　　图14-16 设置星光的放大/缩小动画延迟2.0秒

（10）敬业篆刻与星光动画播放结束后，文字部分出场。选择文字上方直线，切换至"动画"选项卡，选择进入动画中的"渐变"动画，然后在"自定义动画"窗格中，设置"渐变"动画的触发方式为"之前"，速度为"非常快"。双击直线的渐变动画（或者单击鼠标右键，选择"计时"命令），弹出"出现"对话框，在"计时"选项卡中设置延迟为 3.0 秒。

（11）采用同样的方法给下方的直线 2 添加"渐变"进入动画。

（12）选择"敬业乐群 忠于职守"文字对象，切换至"动画"选项卡，选择进入动画中的"挥鞭式"动画，然后在"自定义动画"窗格中，设置挥鞭式动画的触发方式为"之前"，速度为"非常快"。双击直线的挥鞭式动画（或者单击鼠标右键，选择"计时"命令），弹出"出现"对话框，在"计时"选项卡中设置延迟为 3.0 秒。

（13）单击"动画"选项卡下的"预览效果"按钮预览动画效果。

14.2.4　输出片头动画视频

微课：输出片头动画
视频

宣传动画制作完成后，可以保存为.dps 演示文件，便于下次使用 WPS 演示打开，也可以保存为.webm 格式的视频文件，使用视频播放器打开。保存为.webm 格式的视频文件的具体方法如下。

选择"文件"→"另存为"选项，设置保存类型为"WEBM 视频（*.webm）"，填写文件名，例如敬业宣传动画制作，如图 14-17 所示，单击"保存"按钮，即可生成"敬业宣传动画制作.webm"视频。

图14-17　设置保存文件类型

14.3　经验与技巧

此外读者还应该学习一些关于动画的方法与技巧。

14.3.1　WPS 演示幻灯片动画的分类

在 WPS 演示中，所谓动画主要分为进入动画、强调动画、退出动画和动作路径动画 4 类。

进入动画。进入动画使对象从"无"到"有"。在触发动画之前，被设置了进入动画的对象是不出现的，在触发之后，那它或它们采用何种方式出现呢？这就是进入动画要解决的问题。比如为对象设置进入动画中的"擦除"动画，可以实现对象从某一方向一点儿一点儿出现的效果。幻灯片中进入动画一般使用绿色图标标识。

强调动画。强调动画强调对象从"有"到"有"，前面的"有"是对象的初始状态，后面的"有"是对象的变化状态。这样两个状态上的变化，起到了强调、突出对象的作用。比如为对象设置强调动画中的"变大/变小"动画，可以实现对象从小到大（或从大到小）的变化过程，从而产生强调的效果。幻灯片中强调动画一般使用黄色图标标识。

退出动画。退出动画与进入动画正好相反，它可以使对象从"有"到"无"。触发后的动画效果与进入动画效果正好相反，对象在没有触发动画之前，显示在屏幕上，而当动画被触发后，则从屏幕上以某种设定的效果消失。如为对象设置退出动画中的"切出"动画，则对象在动画触发后会逐渐地从屏幕上某处切出，从而消失在屏幕上。幻灯片中退出动画一般使用红色图标标识。

动作路径动画。动作路径动画就是对象沿着某条路径运动的动画，在幻灯片中可以制作出同样的效果，就是为对象设置"动作路径"动画效果。比如为对象设置动作路径动画中的"向右"动画，则对象在动画触发后会沿着设定的方向移动。

14.3.2　动画的衔接、叠加与组合

微课：动画的衔接、叠加与组合

动画的使用讲究自然、连贯，所以需要恰当地使用动画。使动画整体效果赏心悦目，就必须掌握动画的衔接、叠加和组合。

（1）动画的衔接。动画的衔接是指在一个动画执行完成后紧接着执行其他动画，即使用"从上一项之后开始"功能。衔接动画可以是同一个对象的不同动画，也可以是不同对象的多个动画。

本任务中星光图片先淡出，再按照圆形路径旋转，最后淡出消失，就体现了动画的衔接。

（2）叠加。对动画进行叠加，就是让一个对象同时执行多个动画，即设置"从上一项开始"功能。叠加动画可以是一个对象的不同动画，也可以是不同对象的多个动画。几个动画进行叠加之后，效果会变得非常不同。

动画的叠加是富有创造性的过程，它能够衍生出全新的动画类型。两种非常简单的动画进行叠加后产生的效果可能会非常不可思议。例如：路径+陀螺旋、路径+淡出、路径+擦除、淡出+缩放、缩放+陀螺旋等。

（3）组合。组合动画能让画面变得更加丰富，是让简单的动画由量变到质变的手段。一个对象如果使用浮入动画，看起来非常普通，但是二十几个对象同时使用浮入动画时效果就不同了。

组合动画的调节通常需要对动画的时间、延迟进行精心的调整，否则就会事倍功半。

14.3.3　手机滑屏动画

手机滑屏动画是图片的擦除动画与手的滑动的组合效果。可以首先实现图片的滑动效果，然后，制作手的整个运动动画，具体步骤如下。

1. 图片滑动动画的实现

首先，实现图片的滑动的擦除动画，具体步骤如下。

（1）新建一个 WPS 演示文稿，命名为"手机滑屏动画.dps"。

（2）单击"插入"选项卡中的"图片"按钮，弹出"插入图片"对话框，依次插入素材文件夹中的"手机.png""葡萄与葡萄酒.jpg"两张图片，调整其大小与位置后，效果如图 14-18 所示。

葡萄与葡萄酒

手机

图14-18　插入葡萄与葡萄酒和手机两幅图片后的效果

（3）继续插入素材文件夹中的"葡萄酒.jpg"图片，调整其位置，使其完全放置在"葡萄与葡萄酒.jpg"图片的上方，效果如图 14-19 所示。

图14-19　插入新的葡萄酒图片的效果

（4）选择上方的图片"葡萄酒.jpg"，切换至"动画"选项卡，选择进入动画中的"擦除"动画，如图 14-20 所示。然后单击"自定义动画"按钮，屏幕右侧显示"自定义动画"窗格，设置"擦除"动画的方向为自右侧。

（5）单击"动画"选项卡下的"预览效果"按钮预览动画效果，也可以单击"幻灯片放映"选项卡下的"从头开始"按钮预览动画。

图14-20　选择"擦除"动画

2．手滑屏动画的实现

其次，来实现手滑屏效果的动画，组合图片的擦除动画实现整体效果，具体步骤如下。

（1）单击"插入"→"图像"按钮，弹出"插入图片"对话框，选择素材文件夹下的"手.png"，单击"插入"按钮，完成图片的插入操作。单击"开始"→"选择"→"选择窗格"按钮，双击插入的"手.png"图片，将其命名为"手1"，调整其位置，如图 14-21 所示。

（2）选择刚刚插入的图片"手.png"，切换至"动画"选项卡，选择进入动画中的"飞入"动画，从而实现手的进入动画自底部开始。但需要注意，单击"预览效果"按钮预览动画效果时，会发现两个动画需要单击后才能触发，也就是"葡萄酒"的擦除动画执行后，单击后手才能自屏幕下方出现，显然，两个动画的衔接不合理。

手的图片

图14-21　插入手的图片

（3）在"动画"选项卡中单击"自定义动画"按钮，屏幕右侧显示"自定义动画"窗格，拖曳"手 1"动画到"葡萄酒"动画的上方，设置触发方式为"之前"（见图 14-22）。选择"葡萄酒"动画，设置触发方式为"之后"，双击"葡萄酒"动画，在"计时"选项卡中设置速度为 0.8 秒（见图 14-23）。

图14-22　调整动画顺序与设置动画触发方式

图14-23　设置速度为0.8秒

（4）选择"手 1"图片，单击"添加效果"下拉按钮，添加"动作路径"栏中的"直线"动画，然后拖曳鼠标指针自右向左绘制一条直线路径，如图 14-24 所示，其中，绿色箭头表示动画的起始位置，红色箭头表示动画的结束位置。

（5）设置"手 1"图片的直线路径动画的触发方式为"之前"，双击"手 1"动画（见图 14-25），在"计时"选项卡中设置速度为 0.8 秒。

注意：手的横向运动与图片的擦除动画就是两个对象的组合动画；当同一对象有多个动画效果时，需要单击"添加效果"下拉按钮。

图14-24　设置直线路径动画的起始与结束位置

图14-25　设置直线路径动画的触发方式与速度

（6）继续选择"手 1"图片，单击"添加效果"下拉按钮，添加"退出"栏中的"飞出"动画，设置触发方式为"之后"，此时的"自定义动画"窗格如图 14-26 所示。单击"动画"选项卡中的"预览效果"按钮可以预览动画效果，如图 14-27 所示。

图14-26　整体的"自定义动画"窗格　　　　　　　　　　　　图14-27　动画效果

3. 滑屏动画的前后衔接控制

动画的前后衔接控制也就是动画的时间控制，通常有两种方式。

第一种：通过"单击时""与上一动画同时""在上一动画之后"控制。

第二种：通过"计时"选项卡中的"延迟"来控制，它的根本思想是所有动画的触发方式都为"与上一动画同时"，通过"延迟"来控制动画的播放时间。

第一种动画的衔接控制方式在后期的动画调整时不是很方便，例如添加或者删除元素时，而第二种方式相对比较灵活，建议大家使用第二种方式。

4. 其他几张图片的滑屏动画制作

其他几张图片的滑屏动画制作的具体步骤如下。

（1）选择"葡萄酒"与"手"两张图片，按组合键<Ctrl+C>复制这两张图片，然后按<Ctrl+V>粘贴两张图片，使用鼠标将两张图片与原来的两张图片对齐。

（2）单独选择刚刚复制的"葡萄酒"图片，然后单击鼠标右键，选择"更改图片"命令，选择素材文件夹中的"红酒葡萄酒.jpg"，打开"自定义动画"窗格，分别设置新图片与"红酒葡萄酒.jpg"的延迟时间。

（3）采用同样的方法再次复制图片，使用素材文件夹中的"红酒.jpg"图片，最后调整不同动画的延迟时间即可。

14.3.4　WPS 演示中的视频的应用

添加文件中的视频就是将电脑中已存在的视频插入演示文稿中，具体方法如下。

（1）打开"视频的使用.dps"，在"插入"选项卡中，单击"视频"下拉按钮（见图 14-28），在弹出的下拉列表中选择"嵌入本地视频"选项，弹出"插入视频"对话框。选择素材文件夹中的"视频样例.wmv"（见图 14-29），单击"打开"按钮，即可插入视频。

图14-28　选择"嵌入本地视频"选项

图14-29　"插入视频"对话框

（2）双击插入的视频，视频播放器显示如图 14-30 所示，此时可以播放和调整视频的大小或者旋转角度等。同时自动切换到"视频工具"选项卡，如图 14-31 所示，在"视频工具"选项卡中可以播放视频、调整音量、控制播放触发方式、控制是否全屏播放等。

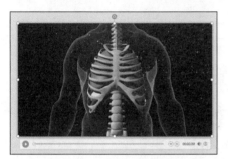

图14-30　视频播放器显示

图14-31　"视频工具"选项卡

14.3.5　WPS 演示中幻灯片的放映

WPS 演示文稿的制作目的就是演示和放映。在放映演示文稿时，用户可以根据自己的需要设置放映方式，下面介绍几种放映方式。

1. 学习者自行浏览

学习者自行浏览方式是指以一种较小的规模进行放映。以这种方式放映演示文稿时，该演示文稿会出现在小型窗口内，并提供相应的操作命令，允许移动、编辑、复制和打印幻灯片。在这种方式中，可以使用滚动条从一张幻灯片移到另一张幻灯片，还可以同时打开其他程序。

2. 演讲者放映

演讲者放映方式为传统的全屏放映方式，常用于演讲者亲自播放演示文稿等。对于这种方式，演讲者具有完全的控制权，可以决定采用自动方式还是人工方式放映。演讲者可以将演示文稿暂停、添加会议细节或即席反应，还可以在放映的过程中录下旁白。

3. 展台浏览

展台浏览方式是一种自动运行、全屏放映的方式，在放映结束 5 分钟之内，若用户没有指令则重新放映。用户可以切换幻灯片、单击超链接或动作按钮，但是不可以更改演示文稿。

下面介绍如何设置演示文稿放映方式。

（1）打开"手机滑屏动画.dps"演示文稿，切换至"幻灯片放映"选项卡，如图 14-32 所示，可以尝试从头开始、从当前开始、自定义放映、会议、设置放映方式、隐藏幻灯片、排练计时、手机遥控、演讲实录等功能。

图14-32　"幻灯片放映"选项卡

（2）单击"设置放映方式"按钮，弹出"设置放映方式"对话框（见图 14-33），在"放映类型"栏中选中"演讲者放映"单选按钮，然后选择"显示演示者视图"复选框，单击"确定"按钮，设置放映方式操作完成。

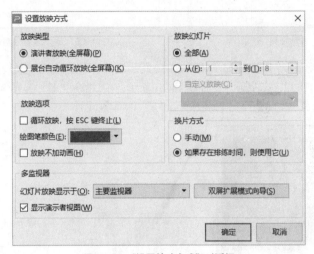

图14-33　"设置放映方式"对话框

（3）单击"从头开始"按钮，即可发现幻灯片会以演讲者放映的方式进行放映，如图 14-34 所示。

图14-34　以演讲者放映的方式进行放映

14.4　任务小结

通过本任务中动画的制作，读者体验了 WPS 演示中动画的设计原则、动画效果、WPS 演示的输出等。在实际操作中要恰当地选取动画的制作策略，片头动画中素材的质量要高，分辨率要高，格式要恰当，片头的制作要能举一反三、不断创新。

14.5　拓展练习

根据中完成的图标内容，设置相关的动画，例如目录页中表盘的变化，效果如图 14-35 所示。

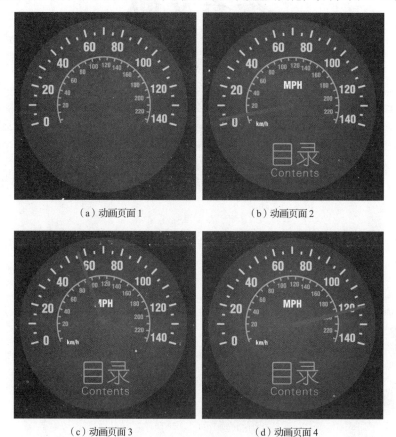

|（a）动画页面 1|（b）动画页面 2|
|（c）动画页面 3|（d）动画页面 4|

图14-35　表盘的动画效果

参考文献

[1] 何国辉.《WPS Office 高效办公应用与技巧大全》[M]. 北京：水利水电出版社，2021.

[2] 李亚莉，姚亭秀，杨小麟.《WPS Office 2019 办公应用入门与提高》[M]. 北京：清华大学出版社，2021.

[3] 贾小军，童小素.《WPS Office 办公软件高级应用与案例精选》[M]. 北京：中国铁道出版社，2022.

[4] 刘万辉，季大雷.《Office 2016 办公软件高级应用实例教程》[M]. 北京：高等教育出版社，2021.

[5] 冯注龙.《WPS 之光》[M]. 北京：电子工业出版社，2021.

[6] 王晓均.《WPS Office 2019 文字、演示和表格商务应用》[M]. 北京：中国铁道出版社，2021.